广州市陆海统筹生态系统
保护修复机制研究

周 雯 等 编著

科学出版社
北 京

内 容 简 介

陆海统筹是解决近岸海域生态退化和污染加重等环境问题的根本途径,是一项国家战略。为发挥广州的区位优势,破解陆域发展瓶颈,支持海陆统筹生态系统保护,落实生态环境相关措施,亟须对陆海统筹生态系统保护修复机制进行探索研究。本书在对陆海统筹相关研究进展、内涵、发展特征等进行分析的基础上,指出广州市陆海统筹管理存在的主要问题,构建包括目标生成机制、责任履行机制、资源保障机制和绩效评价机制四个环节要素的广州市陆海统筹生态系统保护修复机制体系,并为推进广州市陆海统筹生态系统保护修复机制建设提出相关对策建议。

本书适合高校和科研院所环境管理、海洋科学等相关专业的师生参阅,也可供对陆海统筹感兴趣的大众阅读。

图书在版编目(CIP)数据

广州市陆海统筹生态系统保护修复机制研究 / 周雯等编著. —北京:科学出版社,2021.3

ISBN 978-7-03-068295-6

Ⅰ. ①广⋯ Ⅱ. ①周⋯ Ⅲ. ①近海−生态恢复−研究−广州 Ⅳ. ①X171.4

中国版本图书馆 CIP 数据核字(2021)第 042032 号

责任编辑:郭勇斌 彭婧煜 / 责任校对:王萌萌
责任印制:张 伟 / 封面设计:玖思文化

科 学 出 版 社 出版

北京东黄城根北街 16 号
邮政编码:100717
http://www.sciencep.com

北京盛通商印快线网络科技有限公司 印刷
科学出版社发行 各地新华书店经销

*

2021 年 3 月第 一 版 开本:720×1000 1/16
2021 年 3 月第一次印刷 印张:8
字数:84 000

定价:68.00 元
(如有印装质量问题,我社负责调换)

本书编委会

主编：周　雯

编委：张音波　刘谓承　杨　超　刘祚屹

前　言 >>

　　我国既是陆地大国，也是海洋大国。海洋是维持陆地生态系统平衡和稳定的生态屏障，陆地是海洋开发和保护的重要依托。陆地和海洋是一个生命共同体。陆地和海洋在自然地理上紧密联系，并通过大气循环和水循环等相互影响。海洋是生命的摇篮，也是高质量发展的战略要点，是"美丽中国"建设的重要内容。

　　陆海统筹是站在陆地和海洋两大生态系统整体性保护角度上开展的顶层设计，以陆海间关系最为密切的水治理领域为突破口进行统筹谋划和系统设计，需要客观把握和认识陆地水、海洋水之间的关系和各自特征，聚焦河口海湾等重点区域，注重氮磷等防控指标的衔接，以及治理措施和任务的联动，实现一举两得。统筹协调、系统治理，是按照生态系统的整体性、系统性及其内在规律，整体施策、多策并举。陆海统筹既是国家战略，也是解决陆海问题的根本方法，建立陆海统筹的生态系统保护修复和污染防治区域联动机制，则是从根本上尊重生态系统整体性和系统性的客观规律，建立跨地区、跨部门、跨领域联防联控机制，解决近岸海域生态退化和污染加重等环境问题的根本途径。

　　受资源环境约束的影响，陆海之间的协调发展是环境保护中不能忽视的重要问题。国家层面的战略推动与地方层面的积极实施将共同促进海洋事业的快速发展，陆海并举、相互配合是充分发挥陆海兼备地区的地缘优势，实现经济最优化结果和增值效益的重要前提。尊重海洋生态环境与陆地生态环境的客观联系，加强陆海生态系统保护一体化保护措施是解决海洋生态环境日益恶化的根本途径。面对加强陆海整体协调发展的客观需求，陆海统筹作为推动陆海整体发展的战略思维应运而生。陆海统筹管理思路促进了城市发展思路与模式的转变，从沿海区域的发展趋势来看，人们已经越来越关注陆海之间的关联性、互补性，在发展战略制定上也逐渐凸显陆海统筹、联动发展的思路。

加强环境保护和生态治理工作，推进生态系统修复已经成为当前中国特色社会主义事业的主要内容，也是党和国家的一项长期而艰巨的任务。尽管我国政府在环境保护和生态治理中付出了巨大努力，但我们也要清醒地认识到，我国的环境保护和生态治理工作还存在一些亟待加强的薄弱环节，如生态治理基础设施不完善、制度体系不健全、体制机制不顺畅等。因此，加强对环境保护和生态治理的研究，尤其是海洋生态系统保护与修复机制建设是当前应关注的重点和难点。

《广州市陆海统筹生态系统保护修复机制研究》是作者结合以往工作成果关于陆海统筹生态系统保护与修复机制的一点思考，希望能通过我们的探索与实践，推动陆海统筹生态系统保护与修复机制转变为需求导向，使制度体系更好地支撑陆海统筹生态系统保护目标的实现与陆海统筹生态系统修复的完成，打通陆海统筹生态系统保护与修复机制建设的通道，推动陆海统筹成为引领生态系统保护与修复机制落地的核心力量，全面支撑陆海统筹生态系统的建设。

  由于水平有限，书中难免存在不足之处，还望读者批评指正。期待与君携手，共同推进陆海统筹协调发展，让陆海统筹体制机制建设真正服务于生态系统，实现高质量发展，为"美丽中国"建设贡献力量。

目 录 >>

第1章

绪 论

陆海统筹最早在"十二五"规划中提出,其主要目的是促进海洋经济发展,优化调整国土空间开发格局,建设海洋强国(张尔升,2014)。习近平总书记强调,坚持陆海统筹,加快建设海洋强国。党的十九大报告提出:要以"一带一路"建设为重点,加强创新能力开放合作,形成陆海内外联动、东西双向互济的开放格局。党的十八届三中全会明确提出,要改革生态环境保护管理体制,建立陆海统筹的生态系统保护修复和污染防治区域联动机制(于慎澄,2013)。这是从根本上尊重生态系统整体性和系统性的客观规律,建立跨地区、跨部门、跨领域联防联控机制,解决近岸海域生态退化和污染加重等环境问题的根本途径。《国民经济和社会发展第十二个五年规划纲要》在对海洋事业进行战略部署的"百字方针"中对"陆海统筹"的明确提出和"陆海统筹"在我国首个以海洋经济发展为主题进入国家战略的"山东半岛蓝色经济区"发展思路中的明确定位,标志着"陆海统筹"已经由经济发展的单一视域上升为全方位、多层级、综合性视域(王倩,2014)。

随着国家"十三五"规划和"一带一路"倡议的深入实施，党的十九大报告提出"坚持陆海统筹，加快建设海洋强国"，更将陆海统筹的管理理念上升到国家战略层面，使得陆海统筹的战略意义愈发突显（杨羽頔，2015）。2018年《国务院机构改革方案》关于国务院组成部门的调整，在组建生态环境部中明确，将国家海洋局的海洋环境保护职责整合到新组建的生态环境部，这一改革举措将进一步理顺我国生态环境监管体制，助力"美丽中国建设"，也为陆海统筹生态系统保护修复机制建立提供契机（刘明，2014）。2018年12月，《中共中央 国务院关于建立更加有效的区域协调发展新机制的意见》进一步提出：建立区域战略统筹机制，推动陆海统筹发展。

广州作为我国改革开放的前沿阵地，拥有毗邻南海的独特地缘和海洋城市的资源优势。受资源环境约束，在国家提出海洋战略的背景下，广州作为一个陆海兼备的复合型地区，陆海之间的协调发展是环境保护中不能忽视的重要问题。国家层面的战略推动与地方层面的积极实施将共同促进广州海洋事业的快速发展。伴随着海洋开发利用的日益深入，陆地与海洋在发展过程中存在的互动、互补效益逐渐引起人们的重视。陆海并举，相互配合是充分发挥广州陆海兼备的地缘优势，实现经济最优化结果和增值效益的重要前提。尊重海洋生态环境与陆地生态环境的客观联系，加强陆海生态系统保护一体化措施是解决海洋生态环境日益恶化的根本途径。面对加强陆海整体协调发展的客观需求，"陆海统筹"作为推动陆海整体发展的战略思维应运而生。陆海统筹管理思路促进了广州发展思路与模式的转变，从广州的发展趋势来看，已越来越关注陆海之间的关联性和互补性，在发展战略制定上，也逐渐凸显陆海统筹、联动发展的思路（王倩，2014）。

据有关统计（蔡自力，2005），沿海生态环境的破坏和生态功能的缺失，所造成的经济损失已达到我国 GDP 的 15%，生态环境的急剧恶化及由此导致的经济损失与社会问题向各级政府提出了严峻挑战，因此，加快对沿海的环境保护和生态治理工作已成为当前党和政府的重要职责。党的十九大报告指出"加快生态文明体制改革，建设美丽中国""加大生态系统保护力度，实施重要生态系统保护和修复重大工程，优化生态安全屏障体系，构建生态廊道和生物多样性保护网络，提升生态系统质量和稳定性"。加强对环境保护和生态治理工作，推进生态系统修复已成为当前中国特色社会主义事业的主要内容，也是党和国家的一项长期而艰巨的任务。尽管我国政府在环境保护和生态治理中付出了巨大努力，但也要清醒地认识到，我国的生态治理工作还存在一些亟待加强的薄弱环节，如生态治理基础设施不完善、制度体系不健全、体制机制不顺畅等。因此，加强对环境保护和生态治理的研究，尤其是海洋生态系统保护修复机制建设是当前应关注的热点、重点和难点。

1.1　陆海统筹的概念

陆地与海洋是全球生态系统的两大组成部分，内在存在着密切关系，相互影响，互为依存条件，是不可分割的一个整体。"陆海统筹"是指根据陆、海两个地理单元的内在联系，运用系统论和协同论的思想，在区域社会经济发展过程中，综合考虑陆海资源环境特点，系统考察陆海的经济功能、生态功能和社会功能，在陆海资源环境生态系统的承载力、社会经济系统的活力和潜力基础上，统一筹划沿海陆地与海洋两大系统的资源利用、经济发展、环境保护、生态安全和区域政策，通过统一规划、联动开发、产业组接和综合管理，把陆海地理、社会、经济、文化、生态系统整合为一个统一整体，实现区域科学发展、和谐发展（刘明，2014）。

　　"陆海统筹"是在人们逐步意识到陆海关系处理失衡已成为我国沿海地区乃至整个国家发展道路上的巨大障碍的背景下，将"统筹"作为人们处理陆海关系的决策思维工具而产生的一个崭新概念。海洋经济学家张海峰于 2004 年在"郑和下西洋 600 周年"主题会议的报告中首先提出"海陆统筹"，此阶段更多的是将"海陆统筹"视为一种新方法，一种新视角，将研究的问题置于陆海复合环境中寻求题解，从而处理社会、经济、环境等领域的现实问题。随后"陆海统筹"概念逐步为海洋经济研究学者及其他社会各界所认同。张登义、王曙光在全国政协十届三次会议提案中提出应该将"海陆统筹"列入"十一五国民经济发展规划"之中，指出"海陆统筹"是科学发展观的内在要求，统筹发展除了要处理好现在的"五个统筹"，还需要将海陆统筹包含进来。我国政府于 2011 年在《中华人民共和国国民经济和社会发展第十二个五年规划纲要（草案）》中明确提出"坚持陆海统筹，制定和实施海洋发展战略，提高海洋开发、控制、综合管理能力"，并通过全国人大审查批准，至此"陆海统筹"概念在国家官方层面出现，这标志着国家发展思路由重陆轻海向陆海并重的彻底转变。

2014 年李克强总理在十二届全国人大二次会议上作政府工作报告，其中关于海洋开发首先提到的就是要坚持陆海统筹发展。党的十八大以来，党中央统筹推进"五位一体"总体布局和协调推进"四个全面"战略布局，做出了建设海洋强国、拓展蓝色经济空间、推进生态文明建设、"一带一路"倡议等重大战略部署。党的十九大报告提出"坚持陆海统筹，加快建设海洋强国"，更将陆海统筹理念上升到国家战略层面（刘雪斌，2014）。

1.2　陆海统筹的内涵

尽管陆海统筹的概念得到国内社会各界的广泛认同，但不少学者认为陆海统筹有着广泛的内涵，在概念的界定上有广义和狭义之分。从广义来讲，陆海统筹是指陆地和海洋两大系统统一地、全面地筹划，统筹安排，不仅包括陆海经济的统筹规划、协调发展，而且包括陆海统筹意识树立、陆海社会人文交融、陆海自然生态改善、陆海资源禀赋互补、陆海统筹基础设施建设、海岸带环境保护及陆海管理等。从狭义来讲，陆海统筹主要是指陆地和海洋两大系统中区域经济统筹规划、协调发展。具有代表性的意见认为陆海统筹是指在区域经济发展过程中，综合考虑陆地和海洋各自所处的资源环境特点，从整体上把握陆地和海洋在区域经济发展中的经济、生态及社会功能，综合考虑陆地和海洋资源环境的承载能力，并以此为基础制定、协调陆地和海洋经济社会与生态发展规划，促进陆海区域健康有序发展。2011 年，时任国家海洋局局长刘赐贵在全国海洋工作会议上指出"坚持陆海统筹，努力在海域与陆域开发上做到定位、规划、布局、资源、环境、防灾等六个方面相衔接"，从而对海洋开发建设陆海统筹工作做了实质性要求（刘雪斌，2014）。

"陆海统筹"重点在"海"。"陆海统筹"从字面上看是一个不带有主观倾向性的处理陆海关系的思维方式及方法，但"陆海统筹"是在海洋对经济社会发展格局影响日益深远、战略地位不断提高与海洋发展相对滞后之间的矛盾不断加深的背景下提出的；从某种意义来讲，"陆海统筹"是对将重心局限于陆地，相对忽视海洋的发展模式与发展思路的重新审视，将发展理念由"重陆轻海"向"陆海并重"转变，赋予海洋与陆地平等发展的权利。"陆海统筹"是在对海洋价值、地位充分认识的基础上关于发展问题在地域范畴上的拓宽，在观念上的转变，在思路上的完善，在内容上的丰富。"陆海统筹"可以说是我国作为一个陆海兼备的国家对海洋事业发展的"补课"，是沿海地区围绕海洋寻求更大发展的战略机遇。

"陆海统筹"关键在"统"。"陆海统筹"重点在"海"、关键在"统"，只有两者有机结合才是对"陆海统筹"的完整释义。"统"具有两层含义，首先，"统"意味着海洋与陆地享受平等的发展权利并能获得自身充分的发展。不能把海洋战略放在辅助的、为陆地战略服务的从属地位。"陆海统筹"不同于"坐地观海"，要摒弃带着海洋管理思路的，但本质上却是陆地发展模式的思维方式。例如，不能将向海洋要发展空间简单理解为摆脱耕地红线、占补平衡等土地政策约束的突破口，通过对近岸、滩涂大规模的围填海将海洋空间人为转变为陆地空间，并以此为空间载体发展房地产、冶金、钢铁、石化等产业。其次，"统"意味着"陆海统筹"旨在逐步改变在政策制定、资源开发利用、产业发展规划及生态环境保护等方面的"陆海割裂"现状。"陆海统筹"不是简单地将资源配置从陆地偏向转变为海洋偏向，而是在陆海协调发展的框架下对社会经济资源进行合理配置，是要把陆地与海洋的发展作为整体统一筹划，通盘考虑，将陆地与海洋存在的问题及其相互关系综合起来研究，统筹解决。一方面，要依托陆地产业基础、资源条件、技术能力等社会经济基础，逐步推进海洋发展，充分发挥陆地在海洋发展过程中的支撑作用；另一方面，海洋通过其波及效果和乘数效应拉动陆地经济发展，突破陆地经济发展中的资源、空间、环境的制约瓶颈，使海洋在强化沿海区域发展相对优势中发挥更大作用。总而言之，"陆海统筹"体现陆海发展中纵向与横向两个维度。纵向指陆地与海洋各自发展体系在各要素之间协调共进的基础上不断成熟、不断化化；横向是指减小陆海之间物质、技术、人才、能量、信息等要素流通的阻力，加强陆海之间的关联性，在陆海互补、互动下突破各自发展的制约瓶颈，创造更多发展机遇与空间，充分发挥陆海复合巨系统的涌现性（王倩，2014）。

1.3　陆海统筹发展的特征

1. 战略指导性

陆海统筹是开发海洋、利用海洋、发展海洋的战略指导思

想，对陆海区域发展具有指导作用。陆海统筹发展强调从区域
的角度来看待海洋和陆地的统一性，找到二者在资源利用、规
划发展、环境保护、生态安全等方面的关联性和互补性，实现
陆地和海洋的统筹协调发展，打破传统的单纯发展海洋或陆地
的局限，因地制宜，采取各种措施和多种形式统筹陆海关系，
实现海洋和陆域 1＋1＞2，提升海陆地区的综合效益，并使其
永续发展。

2. 整体性

受政治历史原因和人类生存的地理环境条件影响，人类长期
以来主要以陆地为载体进行着经济社会的交流，因而陆地意识比
较强烈，而对海洋比较陌生，甚至带有恐惧感。随着经济发展
和人们认识水平的不断提高，海洋的价值逐渐为人类所认识，
并意识到海洋的重要性，为了更好地利用海洋资源，发展海洋，
从而改变单一的以海洋为中心的理念来开发利用海洋，就必须
考虑陆海的一体性。陆海统筹发展强调对陆地和海洋统一规划、
整体设计，加强陆地与海洋之间的关联性，形成陆地海洋大混
合系统概念。

3. 开放性

陆海统筹发展具有高度的开放性，陆地系统和海洋系统以各
自的资源禀赋为基础，通过海岸带不停地进行着信息流、资源能
源流、产业链、技术、物流、人流等生产要素的交换、流动。通
过统一筹划和整体布局，建立陆地系统和海洋系统在空间上点、

线、面的有机组合，适应和满足体制机制的要求，实现陆地系统内部、海洋系统内部，以及陆地和海洋系统之间经济、社会、文化和生态环境等要素充分合理地流通和交换（刘雪斌，2014）。

1.4 陆海统筹生态系统的内涵

随着可持续发展模式成为时代的最强音，人们越来越多地关注生态环境问题。沿海地区是海洋系统与陆地系统相互交合的复合地带，海、陆生态系统之间通过生态应力及自然外力无时无刻不在发生物质、能量的转化和转移，陆源污染是引发海洋污染的主要原因，海洋污染的最终后果又将反作用于陆地，因此，沿海陆地环境与海洋环境内在的关联性对陆海环境保护一体化提出了客观要求，如污染物排放量的计算和控制应打破沿海陆地与海洋的界线，以海定陆；海洋污染防治应与沿岸河流流域、城镇生活、工业污染及农业污染防治相结合。但是在实际工作中，环保工作被划分为陆上和海上两条线，陆上的环保由环保部门负责，而海上的环保由海洋、交通、海事等部门组织实施。当人为分割与客观统一相违背时，"陆海分割"处理陆、海环境污染问题就产生了矛盾。目前海洋生态环境的形势也越发严峻，近海环境恶化、生物多样性和濒危物种减少、典型生态系统受损、生态灾害频发、污染事故不断加剧。开展海洋环境保护管理工作急需"陆海统筹"思想的指导，将海洋环境和陆地环境的保护纳入到统一规划中来，实行统一管理。

2010年环境保护部与国家海洋局双方代表签署《关于建立完

善海洋环境保护沟通合作工作机制的框架协议》，福建省环境保护厅与福建省海洋与渔业厅签署了《关于建立完善海陆一体化海洋环境保护工作机制协议》，这都标志着我国陆海统筹保护海洋环境的新局面进一步形成。实现陆海环境统一保护是沿海地区实施"陆海统筹"的重要内容之一，它将促进我国的污染防治工作步入国际上"从山顶到海洋"的治污路线上，实现以海定陆、控源节污、综合治理、多措并举、陆海合力的环境保护局面，维护海洋生态环境。2018年国务院机构改革明确生态环境部主管海洋环境保护，为进一步理顺我国海洋环境监管体制，推进陆海统筹机制的形成提供契机。

陆海统筹，是将研究的问题置于陆海复合环境中寻求题解，从而处理环境领域的现实问题。海洋生态系统和陆地生态系统之间存在着广泛的、复杂的物质和能量交换，人类开发利用活动直接影响甚至改变着海洋与陆地的环境特征和资源赋存，都会通过海洋与陆地生态环境之间的关联机制间接引起更多生态环境要素的改变。而我国环境保护管理工作中"陆上环保不下海，海上环保不上陆"的状态将人类活动与陆海之间存在的客观自然联系相割裂，这种环境保护管理机制一方面导致陆源污染物入海排放超标的态势没有得到根本上的扭转，成为海洋生态环境污染的主导因素；另一方面由于陆地资源与海洋资源开发利用没有兼顾陆海生态环境的整体性，保护措施不力导致海水通过侵蚀岸线、河口顶托、倒灌等途径破坏、影响陆地生态系统。遵循可持续发展原则实施陆海统筹应将陆地、海洋环境保护与资源开发纳入统一规划，实施统一管理。建立陆海统筹生态系统保护协作机制，将海洋污染防治与沿岸河流、城镇生活、工业污染及农业污染防治相结合，以海定陆实施污染物排海总量控制制度。将沿海地区的资源开发利用与陆海环境保护相统一、相结合，资源的开发利用要置于陆海生态环境相互作用的动态过程中衡量利益得失、进行可行性分析，并周密部署环境保护措施，避免资源开发对陆海生态环境产生的影响通过链式反应最终影响可持续发展的实现（王倩，2014）。陆海统筹发展内涵见图 1.1。

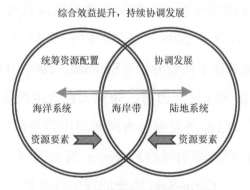

图 1.1　陆海统筹发展内涵示意图

1.5　陆海统筹研究概况

1.5.1　国外研究概况

国外对海洋、岛屿和陆地的研究主要集中在海岸带综合管理、海洋经济对内陆区域经济的影响及海岛经济等层面。关于海岸带综合管理（Integrated Coastal Zone Management，ICZM），Cicin-Sain 和 Knecht（1998）认为其是对海岸带生态系统的一个动态管理过程，目的在于对海岸带资源的合理利用。随着海岸带综合管理的实践，通过一些发表在 *Marine Policy*、*Ocean& Coastal Management* 等海洋学术期刊上的论文可以看到，21 世纪国外学者们对海岸带方面的研究焦点由传统的资源开发利用和自然环境保护转移到就某个国家或地区具体在海岸带综合治理方面的微观分析，并且主要集中在政策制定和制度设计方面。如 Deboudt 等（2008）总结了 1973～1991 年、1992～2000 年及 2001～2007 年三个不同时期法国海岸带综合管理的发展情况和影响因素；Noronha（2004）分析了印度在海岸带综合管理方面的主要政策及其效果；Sunman 和 Davis 分别于 2001 年和 2004 年对美国和欧洲，以及美国内部不同海岸带的管理情况进行了比较分析（Sunman，2001；Davis，2004）。在 2012 年在中国天津召开的第二届亚太经合组织蓝色经济论坛上 Premaratne 博士的《经济发展与海洋和海岸带资源可持续管理：斯里兰卡海岸带管理规划的经验》、Nava 博士的《创建地方政府网络发展蓝色经济》、Cicin-Sain 博士的《实施里约＋20 海洋承诺：蓝色经济路线图》、Ross 的《基于海洋的蓝色经济——东亚走在前面》等报告不同程度地涉及海岸带方面的内容，并引入了蓝色经济的新概念。

在可持续发展理念提出后，出于海岛生态系统的脆弱性，可持续发展成为海岛开发利用的指导性原则，尤其是在海洋海岛旅游开发领域。1994 年，有研究指出旅游基础设施建设和旅游项目开发会对珊瑚生态系统产生大规模的影响（刘伟，2009）。William 等（2004）结合实际案例分析了什么是小海岛的可持续发展问题，并提出小岛屿可持续发展的几种可能；Kerr（2005）在对 20 个小岛屿国家和地区的旅游设施建设情况和经济发展情况进行比较分析后，通过研究发现二者成正相关趋势。此外，国外关于海岛的研究还关注海岛经济协调发展，海岛旅游对当地社会文化和居民的影响等方面。Chandra（2005）对海岛中群岛的经济布局进行了研究，指出群岛中各岛屿经济的可持续发展必须注重公平性与效率性。

1.5.2　国内研究概况

1. 研究历程

国内对海陆统筹的研究，一般分 3 个阶段，即萌芽阶段、探索阶段、研究发展阶段。

萌芽阶段（2004 年以前）。汪品先（2001）根据我国的地理位置和第四纪地层的特色，分析西太平洋边缘海、暖池、陆地的演变及其相互作用。王海英和栾维新（2002）对海陆产业进行对比分析和相关分析，思考了我国海洋产业结构优化升级（王翠，2013）。郑洪波（2003）在《IODP 中的海陆对比和海陆相互作用》一文中从地质学的角度分析海陆对比和海陆相互作用。杨勇（2004）提出增强海洋意识，建设强大的海军，充分发挥海陆兼备的优势将是中国的必然选择。

探索阶段（2005～2008 年）。张海峰（2005a）研究 21 世纪世界海洋的新态势，提出实施陆海统筹战略建议；张海峰（2005b）提出正确认识陆海统筹与其他五个统筹的关系，抓住机遇加快海陆产业结构大调整和实施陆海统筹的方法。李义虎（2007）从战略角度重新审视我国海洋和陆地二分的现实及陆海统筹发展的必然性。叶向东（2007）提出陆海统筹的概念，认为陆海统筹要在海洋和陆地各自的社会、经济、生态功能上考虑其特点和承受能力，以此为基础协调陆域和海域经济社会和生态发展，促进陆海区域健康有序发展。

研究发展阶段（2009 年至今）。周江勇（2009）提出"桥海兴县"战略，推进海陆一体基础设施建设，助力象山经济社会得以跨越式发展。叶向东（2009）对我国东部沿海地区陆海统筹发展进行实证分析，并在此基础上探讨了我国沿海地区陆海统筹优先发展的若干问题。刘明（2009）从多角度论证在制定和执行我国海洋经济政策方针时必须坚持陆海统筹这一重要原则。王芳（2009）认为发展海洋事业必须统筹兼顾，通过陆海接替补充陆地空间和资源的不足，根据沿海区域社会经济状况，"陆海统筹"这一思想和原则在国家层面潜力巨大。朱坚真和张力（2010）在探索陆海协调和区域产业转移推进的基础上，从陆海协调的角度看区域产业转移与区域协调发展。鲍捷等（2011）认为陆海统筹的关键在于陆域和海域之间复杂系统的协调，其内容包括海域和陆域生态、经济、社会和文化等子系统的统筹运作和综合协调。王学端（2011）以陆海统筹思路，结合山东省青岛各中心渔港建设和青岛陆海开发实际情况，提出青岛渔人码头建设的设想。李文荣和郝瑞彬（2011）以河北省东部地区陆海经济互动发展的不利因素和有利因素分析为依据对其发展路径展开研究。曹可（2012）从陆海统筹理念的发展演化的角度分析陆海一体化、陆海互动与陆海统筹在概念上和内容上的区别，对新时期陆海统筹的应有之意进行研究。孙吉亭和赵玉杰（2011）在鲍捷等关于陆海统筹内涵的研究基础上探讨陆海两大系统在功能上定位和两大系统的平衡关系，以及如何实现陆海区域经济效益最优。钱诗曼（2012）选择江苏省连云港陆海统筹中陆海资源、陆海基础设施、陆海产业及生态发展实际情况进行了分析，陆海统筹研究由宏观理念、大区域范围进入具体城市阶段。潘新春等（2012）对 2011 年全国海洋工作会议上时任国家海洋局局长的刘赐贵提出的"六个衔接"进行陆海统筹创新思维的解读。张德平（2013）结合山东胶州实际情况，提出胶州建设打造蓝色枢纽，服务山东半岛蓝色经济区，使其成为区域发展的陆海统筹节点。李军和张梅玲（2012）通过海陆资源协调开发的国内比较研究，在海陆资源协调开发的国内比较基础上，提出海陆资源协调开发构想。陶加强和成长春（2013）分析江苏沿海陆海统筹的必要性，设计出江苏沿海陆海统筹的机制，评价江苏沿海陆海统筹，提出建议。杨凤华（2013）研究循环经济对海洋资源开发、利用和保护，探讨陆海统筹战略下海洋经济可持续发展的路径。刘雪斌（2014）对舟山群岛的陆海统筹进行了较深入研究，引入数据包络分析法，通过数据包络分析（data envelopment analysis，DEA）建模对舟山群岛新区陆海统筹发展进行实证分析，以实际数据检验舟山群岛新区陆海统筹发展的实效性和可行性，并提出陆海统筹数字平台"生态圈"建设。陈易等（2015）借鉴空间规划理念，提出综合性陆海规划创新方法，破解陆海统筹的难题。张玉洁等（2016）基于陆海统筹的原则，结合北海市经济发展总体布局，提出海洋经济发展优化布局方案。孙军（2017）提出解决我国沿海经济崛起视阈下的海洋环境污染问题的关键在于坚持陆海统筹，以陆海环境统筹治理海洋环境污染问题，通过陆海统筹战略推动我国经济发展方式转变，最终实现海洋环境的全面改善。韩增林等（2017）运用 Global-Malmquist-Luenberger 指数测算了沿海地带陆海统筹发展水平并进行区域差异分析，并结合各地陆海统筹发展过程分析产业结构差异、海洋产业技术门槛、海洋资源承载力以及政府政策对陆海统筹发展的影响。胡恒等（2020）基于陆海统筹的角度从系统性、复合型性、兼顾性、前瞻性的角度提出海岸带空间分类体系，为后续海岸带规划提供参考借鉴。

综上可知，国内学者关于陆海统筹研究，对陆海统筹内涵研究各有不同，在陆海统筹概念提出之前，学术界关注得较多的是陆海一体化研究。开始只有个别学者研究涉及海和陆的相关问题，海和陆的作用等。到了 2004 年以后开始有学者认识到陆海统筹发展的意义，实施陆海统筹发展战略的必要性，也涉及陆海统筹含义等。到 2009 年有部分学者开始深入思考，进行理论与实践的研究。但理论研究较少，缺乏系统研究，实证研究较多，缺乏理论指导下的可行性、可操作性的应用性对策研究。

在国内，提出陆海统筹的目的是要在保护生态系统的基础上，统筹协调陆域、海洋开发建设活动，坚持集约开发、截污减排，减少人类活动对自然生态系统的干扰与破坏，实现人与自然的和谐发展。以陆海统筹生态系统保护修复机制的研究尚未有研究报道，技术方法与管理途径需要有开拓性思维。

2. "陆海统筹"理念的应用

2015 年 8 月国务院办公厅印发的《生态环境监测网络建设方案》提出，到 2020 年全国初步建成陆海统筹、天地一体、上下协同、信息共享的生态环境监测网络，使生态环境监测能力与生态文明建设要求相适应。这是我国全国范围专项建设规划中首次将"陆海统筹"理念纳入建设目标。

国内真正将陆海统筹发展战略纳入地方经济发展和生态保护的案例近年也开始出现。2013 年 11 月，江苏省通过《南通陆海统筹发展综合配套改革试验区总体方案》，该方案将"构建统筹利用和合理配置陆海资源要素的体制机制"作为构建六方面体制机制的首要任务，要求按照陆海互动、统筹推进、一体化发展的思路，突出市场在资源配置中的决定性作用，重点探索海域使用管理、陆海土地资源统筹利用、金融等要素市场方面的制度改革，加快构建保障有力、富有活力的要素配置体系，解决资源配置难、配置不合理、配置不经济的问题，实现陆海资源要素联动利用，促进陆海空间布局统筹优化。

2016 年，《南通市陆海统筹发展土地利用规划（2015—2020 年）》获江苏省政府批准，明确了全市陆海国土空间统筹开发与保护各项控制指标、政策体系创新方向和空间布局优化利用的实施路径。深圳市也在加快推进陆海统筹研究工作，2017 年编制完成的《深圳市陆海统筹发展战略研究》为未来全市经济社会发展的空间布局提供了科学规划。

第 2 章

广州市陆海统筹生态系统概况

2.1 广州市基本情况

2.1.1 地理位置

广州市是广东省省会,广东省政治、经济、科技、教育和文化的中心。广州市地处华南地区,广东省中南部,珠江三角洲北缘,接近珠江流域下游入海口。其范围是 112°57′~114°3′E,22°26′~23°56′N。东连惠州市博罗、龙门两县,西邻佛山市的三水、南海和顺德区,北靠清远市的市区和佛冈县及韶关市的新丰县,南接东莞市和中山市,隔海与香港特别行政区、澳门特别行政区相望。

2.1.2 社会经济概况

1. 经济

2019 年,广州市实现地区生产总值(GDP)23 628.60 万亿元,按可比价格计算,比上年增长 6.8%。其中,第一产业增加值 251.37 亿元，增长 3.9%；第二产业增加值 6454.00 亿元，增长 5.5%；第三产业增加值 16 923.23 亿元，增长 7.5%。产业结构不断优化，三次产业比重为 1.06：27.32：71.62。现代服务业增加值增长 9.3%，占服务业比重达 67.5%，比上年提升 1.0 个百分点，服务业主导型经济日益巩固。此外，城乡居民收入稳步增加，2019 年，城镇常住居民和农村常住居民人均可支配收入分别为 65 052 元和 28 868 元，分别增长 8.5%和 10.9%，居民收入与经济增长同步。

2. 行政区划与人口

广州市辖越秀、海珠、荔湾、天河、白云、黄埔、花都、番禺、南沙、从化、增城 11 个区，总面积约 7434 km^2。

至 2019 年底，广州市常住人口 1530.59 万，城镇化率为86.46%。年末户籍人口 953.72 万，城镇化率为 79.90%；全年户籍出生人口 13.98 万，出生率 14.86‰；自然增长人口 9.15 万，自然增长率 9.72‰。户籍迁入人口 21.05 万，迁出人口 4.30 万，机械增长人口 16.75 万。

2.1.3　自然环境情况

1. 地形地貌

广州地形多样，结构为"五山两田两城一分水"。在全市土地总面积中，林地面积最大，占市域总面积的 39.45%，其余依次是耕地（22.24%）、水域（11.87%）、居民点及工矿用地（10.74%）、园地（8.45%）、交通用地（5.10%）、未利用土地（2.12%），草地最少，仅占 0.03%。

广州市具有中低山、丘陵、盆地和平原等多种地貌类型，地势自东北向西南倾斜，属珠江水系。广州地处珠江入海口，地势由东北向西南倾斜，依次为山地、中低山与丘陵、台地与平原三级。第一级为东北部山地，山体连绵不断，坡度陡峭，海拔在 500 m 以上。该地区植被覆盖度高，多为林地，是重要的水源涵养地。第二级是中部中低山与丘陵地区，包括花都北部、从化西南部，广州市区东北部和增城北部。丘陵地坡度较缓，大部分海拔在 500 m 以下，适合作人工林生产基地。第三级是南部台地与平原，包括广花平原及其以北的台地、增城南部、番禺全部和广州市大部分，地势低平，除个别浅丘和台地外，一般海拔小于 20 m，台地坡度小于 15°，土层浅薄，多受侵蚀。平原土层深厚，为农业生产基地。

2. 气候气象特征

广州地处亚热带，属亚热带典型的季风海洋气候。由于背山面海，海洋性气候特别显著，具有温暖多雨、光热充足、温差较小、夏季长、霜期短等气候特征。广州光热资源充足，年平均日照时数为 1875.1～1959.9 h，年太阳总辐射量为 105.3～109.8 kcal/cm，全年平均气温为 20～22 ℃，日均气温都在 0 ℃以上。无霜期北部为 290 天，南部为 346 天。广州雨量充沛，年降水量为 1623.6～1899.8 mm，雨季（4～9 月）降水量占全年的 85%左右；因受地形影响，山区多于平原，北部多于南部。同时，雨季与强光和高热同期，形成相当高的气候生物潜力（光温水潜力），达 77865～ 97950 kg/hm^2。通常情况下，广州市的平均风速并不大；雷暴频繁， 3 月 4 日至 10 月 12 日为广州市的雷季，持续 223 天。

广州春季偏东南风较多，偏北风次多；夏季受副热带高压和 南海低压的影响，以偏东南风为盛行风；秋季由夏季风转为冬季 风，盛行风向是偏北风；冬季受冷高压控制，主要是偏北风， 其次是偏东南风，平均风速以冬、春季节较大，夏季较小。但 夏季间常有热带气旋影响甚至登陆，短时强对流天气也经常出 现，风速可急剧增大到 8 级以上。冬夏季风的交替是广州季风 气候突出的特征。冬季的偏北风因极地大陆气团向南伸展而形 成，干燥寒冷。夏季偏南风因热带海洋气团向北扩张所形成， 温暖潮湿，夏季风转换为冬季风一般在 9 月，而冬季风转换为夏 季风在 4 月。

3. 水文水系

广州市地处南方丰水区，境内河流水系发达，大小河流（涌） 众多，水域面积广阔，集雨面积在 100 km^2 以上的河流共有 22 条， 河宽 5 m 以上的河流 1368 条，总长 5597.36 km，河道密度达到 0.75 km/km^2，构成独特的岭南水乡文化特色。

广州市水资源的主要特点是本地水资源较少，过境客水资源相对 丰富。全市水域面积 7.44 万 hm^2，占全市土地资源面积的 10.05%， 主要河流有北江、东江北干流及增江、流溪河、白坭河、珠江广州河 段、市桥水道、沙湾水道等，北江、东江流经广州市汇合珠江入海。 本地平均水资源总量 79.79 亿 m^3，过境客水资源量 1860.24 亿 m^3。

客水资源主要集中在南部河网区和增城区，由西江、北江分流进入广州市区的客水资源量达 1591.5 亿 m^3，由东江分流进入东江北干流的客水资源量为 142.03 亿 m^3，增江上游来水量 28.28 亿 m^3。南部河网区处于潮汐影响区域，径流量大，潮流作用也很强。珠江的虎门、蕉门、洪奇门三大口门在广州市南部入伶仃洋出南海，年涨潮量 2710 亿 m^3，年落潮量 4088 亿 m^3，与三大口门的年径流量 1377 亿 m^3 比较，每年潮流可带来大量的水量，部分是可以被利用的淡水资源。

4. 海域环境

广州海域位于珠江口伶仃洋湾顶，北起黄埔老港西港界（113°25′25″～113°25′36″E，23°05′24″～23°05′47″N），向东至东江北干流河口，包括狮子洋，向南至伶仃洋进口浅滩以北的海域，以及管辖岛屿周围海域和外港锚地海域，处于珠江水系的虎门、蕉门、洪奇门、横门等东四口门的入海口，海域具有海洋属性又有河口属性，形状狭长，面积 460 km^2，约占全省海域面积的 0.7%；大陆海岸线 157.1 km，约占全省 3.8%；海岛 14 个，其中无居民海岛 9 个、有居民海岛 5 个，分布于黄埔、番禺和南沙区。

广州海域主要包括虎门、蕉门、洪奇门和横门四大口门。

虎门（113°35′～113°39′E，22°46′～22°48′N）在东莞与番禺南部交界处，伶仃洋北端，为海上通广州之咽喉。上游大虎山、小虎山等岛屿错落，沙角、大角山分列口门东南，夹峙如门，故名虎门。西北—东南走向，长 9 km，宽约 4 km，泥沙底，属不正规半日潮，年均潮差 1.63 m，流速涨潮 1.3 m/s，落潮 1.4 m/s，年径流量

$5.78×10^{10}$ m³，占珠江流域总量的 18.5%，年输沙量 $4.95×10^6$ t，潮汐吞吐量居珠江八大口门之首，上横档岛、下横档岛屹立江心，分河口为东西水道。主航道虎门水道处东，水深 10~18 m，巨轮可进出，口外 3.5 m 处设有灯塔。

　　蕉门（113°33′~113°35′E，22°43′~22°44′N）在南沙东南部，伶仃洋北部，虎门与洪奇门之间，为蕉门水道出海口，由于拦门沙分流作用，水道分为三支，主流北支为蕉门水道，其出海口称蕉门，呈喇叭状，口门向东南敞开，口宽 4.5 km，主航道水深 2~8 m，泥沙底，属不正规半日潮，年均潮差 1.36 m，年径流量 $5.41×10^{10}$ m³，占珠江流域总量的 17.3%，年输沙量 $1.32×10^6$ t。鸡抱沙呈西北—东南走向，长 9 km，宽 4.5 km，面积约为 26 km²，拦门沙分河口为两航道，左支称凫洲水道，长 6 km，宽 0.5~0.7 km，水深 2.5~4 m，东接川鼻水道，西南航道长 17 km，水深 2.3~2.5 m。

　　洪奇门（113°34′~113°36′E，22°35′~22°37′N），又名洪奇沥，位于南沙与中山交界处，伶仃洋西北部，蕉门与横门之间，为洪奇门水道出海口，故名洪奇门。明代河口在今潭洲镇附近，近 200 年外移 300 m 以上。洪奇门水道分 3 股汇合出海，口门外宽约 3.8 km，水深 3~6 m，泥沙底，属不正规半日潮，年均潮差 1.21 m，年径流量 $2.00×10^{10}$ m³，年输沙量 $4.89×10^6$ t。口内多沙洲，大沙尾沙呈西北—东南走向，长 8 km，宽 6 km，面积约 40 km²，今已部分围垦。

　　横门（113°34′~113°35′E，22°34′~22°35′N）曾名横门口，在中山市东部，伶仃洋西北部，北邻洪奇门，为横门水道出海口，横门岛卧于口门，故名横门。横门岛将河口一分为二，北口门宽

0.3 km，水深 3～5 m，东接灯笼水道；南口宽 0.22 km，水深 3～6 m，属不正规半日潮，年均潮差 1.15 m，年径流量 3.50×10^{10} m³，年输沙量 8.57×10^6 t。口内外浅滩广布，淤积快，已部分围垦。大沙尾沙呈西北—东南走向，长 8 km，宽 6 km，面积约 40 km²；横门浅滩呈南北走向，长 10 km，宽 3.5 km，面积约 30 km²；口门西南之横门港为广东省重点渔港。

虽然广州海域面积有限，但自然资源丰富。广州港是内陆与海洋的交通门户，分为内港港区、黄埔港区、新沙港区和南沙港区四个港区，是世界著名海港。广州港出海航道是一条比较稳定的潮流冲刷槽，由内港航道和出海航道两部分组成。广州市拥有丰富的滨海旅游资源，是具有"山城田海"特色的滨海大都市。广州海域为典型的咸淡水混合区，生态系统复杂多样，适合众多海洋生物产卵和仔稚鱼生长发育，是良好的栖息和繁殖场所，渔业资源较为丰富。伶仃洋进口浅滩既是重要的排洪纳潮通道，也是宝贵的滨海资源，为广州南沙新区及广东自贸区南沙片区的发展提供了潜在的空间。

5. 土壤与植被

（1）土壤

在亚热带高温多雨的气候条件下，广州成土母岩受到强烈风化，盐基物质强烈淋溶，铁铝氧化物相对累积，黏粒及次生物质不断形成。主要黏土矿物有高岭石、伊利石和蒙脱石。广州市东北部主要为中低山区，成土母质为花岗岩和砂页岩，以花岗岩为母岩发育的土壤，因为沙砾含量高而黏粒含量偏低，土壤交换性岩基含量较低,土壤次生黏土以致石和石英相对较多。而岩石岩性差异大的区域,容易被风化成为岩屑、岩块和砾石,再加上岩石的节理、层理也较为发育,保持水分的性能较差,容易形成土层薄、质地粗的土壤。因此,广州该部分土壤多为山地红壤和山地黄壤。而分布有丘陵地带的从化和花都区、白云区和黄埔区,成土母质除了砂页岩和花岗岩外,还由变质岩构成。丘陵和台地主要形成了山地赤红壤、砖红壤,而中心城区则大部分为壤土和黏壤土。

广州的赤红壤有两个土种,分别是麻赤砂泥和厚泥赤土。前者成土母质为花岗岩风化物,较多的石英砂粒,质地为砂质黏壤土;后者成土母质为片岩、板岩风化的坡积物,多为壤质黏土。麻赤砂泥和厚泥赤土的土体都比较厚,多为中性或微酸性,阳离子交换量和盐基饱和度都比较低,土壤养分除磷钾含量较低外一般属中上水平。麻赤砂泥由于土质疏松通透性好,种性广,所以可以用于种植经济作物,如番薯、花生、木薯、稻谷等;厚泥赤土作为森林土壤,生长的植物有马尾松、芒萁、桃金娘、岗松,适宜经济作物有李、柿等果树和油茶、砂仁等。

成土母质为花岗岩风化物的水稻土,还包括麻红砂质田与麻红泥底田。麻红泥底田多为黏壤土或壤质黏土,而麻红砂质田则多属砂质壤土。由于两种土都易漏水漏肥,养分含量较低,因此,作物产量一般不高。

水稻土除了以花岗岩风化物为成土母质外,还有以冲积物、洪积物为成土母质的。包括翁源泥沙田、河沙泥田及洪泥田,质地皆较为黏重,多为壤质黏土或黏壤土,保水保肥性能较好,易耕性好。宜种性好,多用于精耕细作。

广州还有成土母质为石灰岩风化的洪积或洪积物、冲积物的水稻土-石灰泥田，与南方一般酸性土壤不同，该土种呈微碱性至碱性。但耕层、犁底层土壤板结，耕作困难，通透性差，供肥性差，因此，作物产量不高。

此外，广州一带石灰岩丘陵区还分布有红火泥。红火泥成土母质为石灰岩风化的坡积物。由于该土种土体深厚，表层较疏松，宜耕性好，但质地黏重，雨后易板结，且在缺少灌溉设施的情况下，易干旱，导致作物减产或失收。因此，多用于种植黄豆、花生、甘薯、甘蔗等作物。

（2）森林资源

广州地带性植被为亚热带季风常绿阔叶林，天然林极少，山地丘陵的森林都是次生林和人工林。据广州市林业和园林局网站（http://lyylj.gz.gov.cn）公布的最新数据，2018 年，全市森林覆盖率42.31%，森林蓄积量1720.6 万 m^3；林业用地面积431.5 万亩[1]，其中生态公益林面积269.38 万亩；森林公园90 个，湿地公园19 个，城市公园247 个，绿道总里程3500 km；建成区绿地率39.22%，绿化覆盖率45.13%，人均公园绿地面积17.3 m^2，古树名木10 133 株。

（3）植被类型

据广州首次野生动植物本底调查研究结果，广州市植被类型多达40 种，其中自然植被26 个类型、人工植被14 个类型，主要植被是常绿阔叶林及次生林，有的低山及沟谷植被还具有雨林的外貌和结构。从纬度变化看，北部（从化东北部）属于亚热带常

[1] 1 亩≈666.67 m^2。

绿阔叶林地带，南部地区则属于亚热带常绿季雨林地带。从高度变化看，在常绿阔叶地带，北坡因较干燥，随高度增加依次是低山雨林、山地常绿栎林和山顶矮林；南坡因较潮湿，随高度增加依次是不很典型的常绿季雨林、沟谷中的低山雨林和中山山地的山地雨林；在亚热带常绿季雨林地带，随高度增加依次是常绿季雨林、低山雨林和山地雨林（王瑞江，2010）。

2.2　广州市陆海统筹生态系统构成

根据前文对陆海统筹生态系统内涵的分析，陆海统筹生态系统包括水环境系统和生态环境系统。根据广州市地理位置特点，水环境系统应包含河涌、入海河流、近岸海域三部分，主要涉及河（海）水水质状况、污染状况及特有水文状况；生态环境系统应包含海岸带与岸线、湿地及滨海生物。

2.3　广州市陆海统筹生态环境现状

2.3.1　水环境现状

1. 陆域水环境状况

根据《2019 年广州市环境质量状况公报》，2019 年广州市主要江河流溪河从化段、增江、东江北干流、市桥水道、沙湾水道、蕉门水道等水质优良，珠江广州河段黄埔航道、狮子洋水质受轻度污染，珠江广州河段西航道受轻度污染。

2019 年，广州市 53 条重点整治河涌（河段）中，16 条河涌（河段）达到或优于 Ⅴ 类水体，37 条河涌属劣 Ⅴ 类水体；水质指数在 100 以下、101～150、151～200 和 201 以上的河涌分别有 21 条、3136 条、1 条和 0 条。水质劣 Ⅴ 类河涌的主要污染指标为氨氮、总磷和化学需氧量，呈耗氧性有机污染特征。

2019 年，广州市 3 条主要入海河流中，蕉门水道、洪奇门水道入海河口水质均为 Ⅱ 类，莲花山水道入海河口水质为 Ⅳ 类，均达到功能用水要求。

2. 海域环境状况

广州市海洋功能区划及《2019 年广州市环境质量状况公报》显示，2019 年广州市管辖海域海水质量总体有所改善。主要超标因子为无机氮，超过 Ⅳ 类海水水质标准，同期含量基本表现为自北向南递减。无机氮平均含量为 2.21 mg/L，同比下降 6.8%；活性磷酸盐平均含量为 0.028 mg/L，同比下降 9.7%。实施海水质量监测的功能区有 5 个，分别为黄埔港口区、狮子洋保留区、南沙港口区、龙穴岛港口区、伶仃洋保留区，面积共 38 515 hm²，其中符合海洋环境保护要求的功能区面积为 31 158 hm²，达标率为 80.9%。

3. 海域咸潮入侵现状

咸潮入侵是发生在内陆淡水河流与外海水交界区域（河口）的特有水文现象。每年 10 月至次年的 4 月是珠江口的枯水期，来自上游珠江河网淡水的流量压制不住珠江口外由涨潮带来的高盐水，高盐水沿着河口通道上溯，导致发生咸潮入侵现象。

　　历年来，珠江口多次发生咸潮入侵现象。1998～2005 年，每年珠江三角洲地区均发生咸潮入侵现象；2009～2018 年，珠江口共监测到约 57 次咸潮入侵过程，发生时间集中在 9～10 月至翌年 3～4 月，其中 1 月、2 月和 10 月咸潮入侵次数较多，均超过 10 次，2015 年至今咸潮持续时间明显增加。广州位于珠江河网较密集的区域，水域交错复杂，上连西江、北江，受上游径流动力影响，下接伶仃洋，受外海潮汐作用。上游河水直接通过珠江口东四口门（虎门、蕉门、横门和洪奇门）注入伶仃洋，潮汐可通过四大口门并经河网上溯。因此广州水域是咸潮入侵的易发地带。为全面监测广州海域咸潮入侵现象，为防灾减灾提供决策依据，广州市于 2013 年开始建设咸潮在线监测系统，已完成两期共 5 个站位的建设。其中第一期于 2014 年投入运行，包括化龙水利所、莲花山码头、江鸥尾涌水闸和南沙十九涌渔政码头 4 个站位；第二期建设南沙粮食码头监测站，并于 2016 年 10 月投入运行（马荣华等，2017）。

　　根据 2014～2017 年监测数据显示，广州市海域咸潮入侵具有如下特点：在枯水期（10 月至次年 4 月），外海水上溯较强，氯离子浓度较高，为咸潮易发期；2014～2015 年枯水期，所有监测站位均发生咸潮入侵现象，2015～2017 年枯水期除上游的化龙水利所未发生咸潮入侵现象，其他站位均受到不同程度的咸潮影响；从广州上游至外海，同时期各监测站位氯离子浓度逐渐增高；强台风引起的风暴潮将大量外海水向上游推进，同时由于风由南往北吹，与珠江口涨潮流方向一致，导致外海水上溯严重，靠近外海河道极易发生咸潮短时入侵现象，但对靠近内陆的上游河道影响似乎较小（马荣华等，2017）。

2.3.2 海岸带与海岸线资源现状

1. 海岸线资源现状及变化趋势

海岸线是潮滩与海岸的连接线（海陆分界线），是多年的大潮平均高潮位所形成的岸边线，包括基岩海岸线、沙砾质海岸线、淤泥质海岸线、生物海岸线、人工海岸线等。海岸线的进退与形态变化体现了自然与人为活动共同作用的结果，不仅反映了全球环境变化下海洋与陆地综合作用的过程，同时也反映了经济社会、生态环境与政策导向之间的作用关系，对海岸带资源与环境保护具有重要的指示作用（赵玉灵，2010）。

2015 年，广州市基岩海岸线、沙砾质海岸线、生物海岸线、人工海岸线分别为 39.64 km、7.24 km、3.49 km、146.14 km，海岸线系数 0.026（赵玉灵，2017）。陈金月（2017）对 1973～2015 年珠江三角洲海岸线变迁及驱动因素的研究结果表明：①1973～2015 年，广州市自然岸线比例由 85.79%减至 33.26%。其中 1973～1978 年，自然岸线比例由 85.79%减少为 78.41%，主要利用方式为围垦、养殖、防潮堤坝建设等；1978～1988 年自然岸线比例下降约 10.94%，1988～1998 年下降比例达 22.11%，其间围垦和工程建设均有大幅增加；1998～2008 年自然岸线比例下降 8.31%，以工程建设活动占用为主，围垦养殖减少；2008～2015 年自然岸线比例下降 3.79%，总体较稳定，人工岸线利用强度增加。近 40 年来，区域内海岸线的利用方式逐渐多样，以围垦、养殖、道路建设、港口建设为主，结构趋向多样化，海岸线类型和海岸线利用指数变化均显著增加。②近 40 年来，广州市海岸线有明显的向海扩张趋势，主要集中在南沙经济开发区,该地区位于珠江入海口,悬浮泥沙含量较高,是出海口泥沙的主要沉积区。河口淤积是该区海岸线变迁的主要自然因素,而人工围海造地则是该区海岸线变迁的主要原因;扩张形式前期以围垦、养殖为主,1998 年后该区成为广州市投资开发的重点地区,规划发展现代物流业,港口、码头建设等人为活动占主导地位。③近 40 年来,广州市海岸带后退岸线趋势不明显,主要表现在向陆后退速率较小,除 1973~1978 年后退岸线速率为 41.78 m/a 外,其他 4 个阶段岸线后退速率均未超过 10 m/a;后退岸线比例方面,5 个时期分别为 22.86%,15.92%,12.65%,9.80%,29.39%。

2. 海岸带土地利用现状及变化趋势

海岸带是指陆地与海洋相互作用的一定宽度的地带,我国海岸带资源综合委员会规定海岸带范围陆域部分为海岸线向内陆延伸 10 km 的等距线,海域部分为海岸线向海洋延伸至 15 m 等深线(沈瑞生等,2005)。海岸带具有丰富的自然资源和生物多样性,但人类开发活动强度大,是生态环境最敏感和脆弱的地带(张君珏等,2015)。

本书根据遥感影像,采用 Ostu 阈值分割法和 Canny 边缘提取算法,对广东省海岸线进行提取,并结合 Google Earth 软件,根据高清影像图,利用目测解译法,对局部海岸线进行修正,对海岸线识别及提取。选取广东省海岸线向陆纵深 10 km 范围为研究区,以 ERDAS9.0 和 ArgGIS10.0 软件为基础,进行土地利用解译,辅以目视解译校正,得到广州市海岸带土地利用类型,包括建设用地、林地、湿地、农用地及其他共 5 种,并以城镇扩张指数(e),即研究末期与初期建设用地面积差与研究初期面积的比值，来反映一定时期内城镇扩张的程度。研究结果详见表2.1。

①2015年，广州市建设用地、农用地、林地、湿地及其他地类面积分别为5031 hm^2、12 358 hm^2、1749 hm^2、11 358 hm^2、136 hm^2，各占总面积的16.4%，40.3%，5.7%，37.1%和0.4%。

②近40年来，广州市海岸带内建设用地面积明显增加，增加近5025 hm^2，多由农用地转化而来；农用地总体呈下降趋势，林地先增后减，湿地、其他用地总体变化不大；景观多样性指数明显增加，说明破碎化程度提高。

③近40年来，广州城镇扩张指数（e）极高，达766.35，其中1978～1990年、1990～2000年较高，分别达24.30，23.12；2000～2015年较低，2000～2010年和2010～2015年仅为0.18和0.26；说明2000年后，广州市海岸带土地利用结构总体趋于稳定。

表2.1　1978～2015年广州市海岸带土地利用类型变化

年份	建设用地		农用地		林地		湿地		其他		合计	景观多样性指数
	面积/hm^2	比例/%	面积/hm^2	比例/%	面积/hm^2	比例/%	面积/hm^2	比例/%	面积/hm^2	比例/%	面积/hm^2	
1978	6	0.0	17 120	55.9	928	3.0	12 507	40.9	67	0.2	30 628	0.812
1990	142	0.5	16 441	53.6	2 040	6.7	11 771	38.4	234	0.8	30 628	0.944
2000	3 418	11.2	13 076	42.7	2 920	9.5	10 972	35.8	241	0.8	30 627	1.238
2010	4 031	13.1	11 535	37.3	2 759	8.9	12 360	40.0	206	0.7	30 891	1.249
2015	5 031	16.5	12 358	40.3	1 749	5.7	11 358	37.1	136	0.4	30 632	1.218

2.3.3　近海与海岸湿地资源现状

1. 湿地资源概况

据2015～2016年广州市湿地资源调查最新成果显示，广州市湿地包括三大湿地类 11 湿地型，总面积 79 069.6 hm² （不包括水稻田），其中近海与海岸湿地、河流湿地、人工湿地面积分别为 25 855.2 hm²、19 681.9 hm²、33 532.5 hm²，各占湿地总面积的 32.7%，24.9%，42.4%。广州市各行政区之间湿地资源分布不均，南沙区的湿地面积最大，为 37 280.3 hm²，占全市湿地总面积的 47.2%；番禺区湿地面积次之，为 11 164.1 hm²，占全市湿地总面积的 14.1%。

2. 近海与海岸湿地资源状况

近海及海岸湿地是指在近海与海岸地区由天然的滨海地貌形成的浅海、海岸、河口及海岸性湖泊湿地。包括低潮水深不超过 6 m 的浅海区与高潮位（含高潮线）海水能直接浸润到的区域。据《广州市湿地保护总体规划（2016—2030 年）（征求意见稿）》，广州市有近海与海岸湿地面积 25 855.1 hm²，主要分布在南沙、番禺两个区，包括潮间盐水沼泽、河口水域、红树林、三角洲/沙洲/沙岛和淤泥质海滩 5 个湿地型，其中河口水域占 97.1%，如表 2.2 所示。

表 2.2　广州市近海与海岸湿地类型面积统计表

湿地类	湿地型	面积/hm²			占比/%
		番禺	南沙	合计	
近海与海岸湿地	潮间盐水沼泽	—	130.8	130.8	0.5
	河口水域	763.0	24 338.3	25 101.3	97.1
	红树林	—	445.3	445.3	1.7
	三角洲/沙洲/沙岛	—	39.4	39.4	0.2
	淤泥质海滩	—	138.3	138.3	0.5
	合计	763.0	25 092.1	25 855.1	100.0

潮间盐水沼泽：潮间盐水沼泽是指潮间地带形成的植被盖度≥30%的潮间沼泽，包括盐碱沼泽、盐水草地和海滩盐沼。广州市潮间盐水沼泽仅在南沙区有分布，面积为130.8 hm²，分布在沙东、龙穴岛北角、小虎沥中央和沙仔沥两边。

河口水域：河口水域是指从近河口段的潮区界（潮差为零）至口外海滨段的淡水舌锋缘之间的永久性水域。广州市河口水域以沙湾水道为分界线，水道以北为永久性河流，水道以南为河口水域，湿地面积为25 101.3 hm²，占广州湿地总面积的97.1%。主要分布在南沙区和番禺区，包括沙湾水道、洪奇门水道、虎门水道、凫洲水道、上横沥、下横沥、小虎沥、骝岗水道、沙仔沥、榄核涌等。

红树林：红树林是生长在热带、亚热带海岸潮间带上部，受周期性潮水浸淹，以红树植物为主体的常绿灌木或乔木组成的潮滩湿地木本生物群落。广州有红树林面积445.3 hm²，种类主要有桐花树、秋茄和老鼠簕等，集中分布于南沙湿地游览区，另外在坦头、小虎沥、大虎岛、洪奇门水道、凫洲水道也有零星分布。

三角洲/沙洲/沙岛：三角洲/沙洲/沙岛是河口系统四周冲积的泥沙滩、沙洲、沙岛（包括水下部分），植被盖度<30%，面积为39.4 hm²，主要分布在南沙区的洪奇门水道。

淤泥质海滩：淤泥质海滩指由淤泥质组成的植被盖度<30%的海滩。广州市淤泥质海滩面积为138.3 hm²，主要分布在南沙区的龙穴岛周边。

2.3.4　滨海湿地生物资源

1. 红树林资源

红树林一般分布于热带、亚热带河口港湾淤泥深厚的潮滩，作为独特的海陆边缘生态系统，在自然平衡中起着特殊作用，主要具有维护生物多样性、护岸消浪、净化海水、调节大气、资源利用、社会教育和美化海岸带景观等方面的功能，对维持海岸生态系统健康良性循环具有重要作用。

广州红树林面积共 445.3 hm^2，集中分布于南沙湿地游览区。广州湿地有红树植物 12 科 15 属 17 种，分别占广东省红树植物总科数的 86%、总属数的 67% 和总种数的 57%。其中红树科、马鞭草科、锦葵科、海桑科各有两种，其余为单科单种。主要红树植物种类有桐花树（*Aegiceras corniculatum*）、秋茄（*Kandelia candel*）、木榄（*Bruguiera gymnorrhiza*）、老鼠簕（*Acanthus ilicifolius*）、海桑（*Sonneratia caseolaris*）、无瓣海桑（*Sonneratia apetala*），半红树植物有海漆（*Excoecaria agallocha*）、黄槿（*Hibiscus tiliaceus*）、阔苞菊（*Pluchea indica*），伴生种类有鱼藤（*Derris trifoliata*）等，红树植物的热带、亚热带性质明显。在南沙区槽船涌涌口及其北部河岸分布有广州市生长最好、保存最完整的天然红树林群落，群落内树种多样性较为丰富，群落盖度达 100%。

南沙湿地公园植物群落可分为无瓣海桑、桐花树、秋茄、拉关木（*Laguncularia racemosa*）、木榄、黄槿、水黄皮（*Pongamia pinnata*）、海芒果（*Cerbera manghas*）、杨叶肖槿（*Thespesia populnea*）和芦苇（*Phragmites australis*）10 个类型，其中无瓣海桑群落、黄槿群

落和芦苇群落面积达 86.72%。红树林群落在空间上呈聚集态分布，聚集度最高的是无瓣海桑群落，其次是黄槿群落，面积占比最低的是木榄群落（邱霓等，2017）。

2. 湿地鸟类资源

据常弘等（2012）2005～2010 年对广州南沙红树林湿地鸟类群落多样性的长期研究，共记录鸟类 149 种，隶属于 16 目 42 科 97 属；其中冬候鸟或旅鸟 77 种，占 51.7%，留鸟 63 种，占 42.3%，夏候鸟 9 种，占 6.0%；鸟类群落呈现出较强的季节性，从总体上看，物种数和总数量秋冬季呈现高峰，夏季最低。红树林湿地区具有最高的鸟类物种多样性与科属多样性，物种多样性和科属多样性变化趋势表现为红树林湿地区＞河涌林带区＞水域区。其中国家重点保护鸟类有东方白鹳（*Ciconia boyciana*）、中华秋沙鸭（*Mergus squamatus*）、白琵鹭（*Platalea leucorodia*）、黑脸琵鹭（*Platalea minor*）、鸳鸯（*Aix galericulata*）、小杓鹬（*Numenius minutus*）、小青脚鹬（*Tringa guttifer*）等，广东省重点保护鸟类有凤头䴙䴘（*Podiceps cristatus*）、苍鹭（*Ardea cinerea*）、草鹭（*Ardea purpurea*）、大白鹭（*Ardea alba*）、中白鹭（*Egretta intermedia*）、白鹭（*Egretta garzetta*）、牛背鹭（*Bubulcus ibis*）、池鹭（*Ardeola bacchus*）、绿鹭（*Butorides striata*）、夜鹭（*Nycticorax nycticorax*）、豆雁（*Anser fabalis*）、黑水鸡（*Gallinula chloropus*）、黑翅长脚鹬（*Himantopus himantopus*）、反嘴鹬（*Recurvirostra avosetta*）、中杓鹬（*Numenius phaeopus*）、普通海鸥（*Larus canus*）、渔鸥（*Larus ichthyaetus*）、红嘴鸥（*Larus ridibundus*）、黑嘴鸥（*Larus saundersi*）、

鸥嘴噪鸥（*Gelochelidon nilotica*）、粉红燕鸥（*Sterna dougallii*）、普通燕鸥（*Sterna hirundo*）、白翅浮鸥（*Chlidonias leucopterus*）等。

3. 湿地保护现状及规划

据《广州市湿地保护总体规划（2016—2030 年）（征求意见稿）》：①广州市已建两个河口类区（县）级湿地公园，包括南沙湿地、南沙滨海绿道湿地公园，面积分别为 227 hm²、13 hm²；拟建 1 个河口类市级湿地公园，即海鸥岛红树林湿地公园，面积约 30 hm²；②拟建南沙坦头红树林、大虎岛红树林、洪奇门水道红树林、凫洲水草滩涂、蕉门红树林、孖沙岛西岸滩涂湿地、白灰田水库、海鸥岛东滩涂湿地 8 个自然保护小区，除海鸥岛位于番禺外，其余均属南沙区。

据《广州市海洋功能区划（2013—2020 年）》，广州市拟划定海洋保护区 1 个，属于海岸基本功能区，即万顷沙海洋特别保护区，面积 1030 hm²，大陆海岸线长 5915 m，其要求为"严格保护该区内生物物种及其赖以生存的资源和生态环境，保障红树林种植的用海需求。严格限制改变海域自然属性和与保护目标相违背的开发活动。按照国家关于海洋环境保护的法律、法规和标准进行管理。执行海水水质第二类标准、海洋沉积物质量第一类标准和海洋生物质量第一类标准"。

2.3.5　陆海统筹生态系统现状

1. 入海排污量仍维持高位

随着城市发展，未得到有效处理的工业废水、生活污水和化肥、农药等有害物质被排入河口、近海湿地区域，湿地生物多样性遭到了破坏。工业废水的排放和农药的流失，将会导致水生生物死亡和重金属等有害物质在水生生物体中的富集；生活污水的排放和化肥的流失，则导致水体富营养化，使浮游生物的种类单一，甚至一些藻类会暴发性生长，造成生境恶化。

陆源污染物仍是海洋污染的主要来源，根据资料显示，对近岸海域污染作用达到80%左右，污染最严重的海域也集中在大型入海河口和海湾。根据《2016 年广东省海洋环境质量公报》，2016 年珠江携带污染物入海总量为202.76 万 t，其中化学需氧量152.11 万 t，氨氮2.82 万 t，总磷2.40 万 t，石油类1.16 万 t，重金属0.27 万 t。2017 年广州市环保局环境统计数据显示，2017 年广州市污染物入海总量为84 t，其中化学需氧量8348.25 t，氨氮483.47 t，石油类68.09 t，重金属六价铬34.91 t。广州市附近海域多属于Ⅳ类和劣Ⅳ类海水水质标准的海域。广州海域海洋环境总体污染趋势有所减缓，但不容乐观。海水中主要污染物是无机氮、活性磷酸盐、石油类和化学需氧量，各海洋功能区的海水水质基本上能满足其使用功能的需要，局部海域沉积物中重金属镉、铜和石油类超标；海洋贝类生物质量总体良好，部分监测站位海域海洋贝类受到镉、六六六和滴滴涕污染，残留水平总体呈现下降趋势；浮游植物多样性指数和均匀度指数呈现下降趋势；海洋垃圾数量处于较低水平。

2. 湿地资源面临城市化进程压力

由于长期以来对湿地生态价值和社会效益认识不足，加上保护管理能力薄弱，随意开垦、围垦和侵占湿地的现象时有发生，湿地转为建设用地，使得湿地面积不断减少，湿地生态功能下降。20 世纪 50 年代以来，由于工农业生产发展和城市开发的需要，南沙区大量的天然湿地被围垦开发。有资料显示，1969～1997 年，南沙共损失滩涂面积 1230 hm^2，围垦增地 8527 hm^2（李玫等，2009）。

湿地开发和城市化进程的推进是湿地面积减少的主要原因之一。随着城市规模扩张、工业基地建设、居住人口增长，城市建设和工业开发不断向近海湿地逼近。大规模的围垦扩张和土地的利用使得湿地内部生境的破碎化程度加大，湿地的数量和水面面积不断减少。随着粤港澳大湾区规划的实施，大规模的开发建设，不可避免地会影响广州市滨海湿地生境。

3. 自然岸线比例急剧下降

相关研究表明，近 40 年，广州市自然岸线比例急剧减少，由 1973 年的 85.79%减至 2015 年的 33.26%，以围垦、养殖、道路建设、港口建设为主。其中 1978～2008 年自然岸线比例下降最大，减少约 42%，1998 年前以围垦和工程建设为主，1998～2008 年以工程建设活动占用为主，围垦养殖减少；2008～2015 年自然岸线资源总体较稳定，但人工岸线利用强度增加。围海造地和工程建设活动在带来经济效益的同时，也带来自然岸线的急剧缩短，造成海岸生态系统退化，重要渔业资源衰退，海岸防灾减灾能力降低等一系列严重问题，对海洋生态环境和海洋的可持续发展产生严重影响。岸线低效占有、无序圈占现象普遍存在，部分岸线低效开发，导致局部景观碎片化。

4. 海岸带建设用地占比明显增加

近 40 年来，广州市海岸带建设用地面积明显增加，占比由 1978 年的 0.02%增至 2015 年的 16.42%，多由农用地转化而成，部分湿地也被占用，其中 1990～2000 年建设用地占比变化最大，此外，海岸带城镇扩张指数近 40 年达 766.35。海岸带土地利用结构的变化，与区域社会经济发展政策及发展水平密切相关。1993 年，国务院批准成立南沙经济开发区，2002 年，广州市加快了南沙开发区的建设，交通道路、港口等市政基础设施建设增加，房地产开发、工厂企业等建设活动也日益增长，使得广州海岸带建设用地占比明显提高。

5. 湿地生物多样性保护有待加强

生物多样性的变化与人类活动有着密切的联系，人类的工农业生产如果超过自然所能承载的范围，就会引起物种减少、环境污染、土地退化等一系列生态问题，最终导致生态背景改变和环境质量下降。另外，不断地围垦扩张和土地开发，也会不可避免地对生态环境和物种产生直接或间接的影响和破坏，在一定程度上激化人地矛盾。大规模的围垦、过量排放污染物、大规模捕捞作业等人为因素使得南沙区湿地的水环境和生物资源受到了一定影响。土地的不合理开发与生物资源的过度利用，是生物多样性面临的主要问题。

南沙湿地公园生态环境受到较好保护，生物多样性近年来逐渐改善，但南沙其他河口和海岸带的湿地生态环境质量不容乐观。

其他区域红树林、芦苇和水草等湿地植物日益减少，鸟类和水生动物栖息地受到影响。据《珠江三角洲地区生态安全体系一体化规划（2014—2020 年）》，历史上珠江广州黄埔出海口至狮子洋、伶仃洋沿岸均有成片茂密的天然红树林，但目前仅在南沙坦头村残留 3.03 hm^2。此外，外来物种如凤眼莲（水葫芦）、薇甘菊、马缨丹、五爪金龙、空心莲子草、大米草等广泛分布，对湿地生态系统造成的危害不容忽视。

2.3.6　陆海统筹生态系统保护措施

1. 陆海统筹环境污染源头治理措施

（1）编制并实施陆海统筹污染防治规划

坚持"陆海统筹、河海兼顾"的原则，协调近岸海域与流域水环境的污染防治和保护工作，统筹编制近岸海域和流域水污染防治规划以及河口和近海的陆海综合规划，控制氮磷入海总量；按"海域—流域—控制区域—控制单元"的污染控制层次体系，协调衔接近海、入海流域和沿海区域的污染防治规划，提升陆海统筹区域陆源污染防治综合能力，加强控制港口、船舶、养殖等海域污染源，加强入海流域排污口整治工作。实施重点近岸海域综合环境整治，实施陆海统筹生态修复建设。

（2）实行入海污染物总量控制制度

根据陆海统筹区域的社会经济发展规划、生态功能区划，确定陆域、近岸海域环境保护目标；建立潮流场数值模型，运用水质模型计算河流、河口、近岸海域环境容量；根据河流、河口、近岸海域水动力和其他环境条件，结合周边区域发展规划，合理选择污水集中排放口，计算各排放口的纳污能力，并在此基础上确定陆海统筹区域入海污染物总量控制方案，对污染地区实施入海污染削减计划（赵骞等，2014）。

2. 海岸带保护与修复措施

（1）加强规划衔接，强化陆海统筹

陆海主体功能对接，衔接陆域与海洋环境功能区划，统筹陆域发展布局与海洋空间格局。实施岸段分类管控，海洋优化开发区应调整相邻陆域优化产业和人口布局；海洋重点开发区域，合理安排相接陆域的临港工业、物流和城镇等开发空间，带动陆域产业发展；海洋限制开发区域，相应陆域禁止开展对海洋生态有较大影响的开发活动；海洋禁止开发区域，即南沙区万顷沙海洋保护区，应协同建立陆海自然保护区，禁止相近陆域发展工业（王倩，2014）。

（2）优化空间格局，加强分区管控

加强海岸带国土空间用途管制，按生产、生活、生态空间分类管控，使经济、人口布局向均衡方向发展，陆海空间开发强度、城市空间规模得到有效控制，形成以海岸线为轴，成片保护、集中开发、疏密有致的战略格局。广州市海岸带陆域以海陆主体功能区规划为基础，划定"三区三线"，优化海岸带基础空间格局，合理控制广州市陆域"三区"（生态空间、农业空间、城镇空间）、"三线"（陆域生态保护红线、永久基本农田、城镇开发边界），规划海洋"三区"（生态空间、海洋生物资源利用

空间和建设用海空间)、"三线"(海洋生态保护红线、海洋生物资源保护线、围填海控制线)。据《广东省海岸带综合保护与利用总体规划》,广州市陆域"三区"即生态空间、农业空间、城镇空间各为 3132.3 km²、1721.1 km²、260.9 km²;海域"三区"即生态空间、海洋生物资源利用空间和建设用海空间各为 152.9 km²、0.2 km²、104.9 km²;海岸带"三生空间"即生产空间、生活空间、生态空间,各为 759.2 km²、1327.6 km²、3285.2 km²。

(3)控制开发强度,提高利用效率

坚持最严格的节约用地制度,大力推进集约节约用地,加快转变土地利用方式和经济发展方式,加强建设用地与建设用海的总量控制。综合调控建设用地的增量、存量、流量和效率,不断提升建设用地产出水平。积极改进用地计划安排,优化土地供应结构。进一步发挥市场配置的决定性作用,促进建设用地集约节约。

(4)构建海陆生态屏障,提升生态功能

通过生态整治工程强化生态屏障,通过绿道及水利工程等维护生态廊道,以生态保护地作为生态保护网络中的关键节点。以南沙湿地、南沙滨海绿道和海鸥岛红树林 3 个湿地公园为重点,推进建设南沙坦头红树林、大虎岛红树林、洪奇门水道红树林、凫洲水草滩涂、蕉门红树林、孖沙岛西岸滩涂湿地、白灰田水库、海鸥岛东滩涂湿地 8 个自然保护小区,积极开展生态系统修复,保护湿地资源、重要生物资源,保障生态安全。维护并逐步增加防护林规模,推进沿海受损生态防护林修复,构建以防护林为核心的海岸生态防护带,发挥缓冲陆海交互作用、抵御海洋自然灾害的生态缓冲功能。

3. 海岸线资源保护与修复措施

（1）坚持集约利用，加强分类管控

按《海岸线保护与利用管理办法》要求，坚守自然岸线保有率的自然资源利用上限，强化海岸线分类分段管控。提高海岸线利用效率，减少对海岸线资源的占用，严格占用自然岸线项目论证和审批。据《广东省海岸带综合保护与利用总体规划》，广州市共19段岸线，其中规划的严格保护岸线、限制开发岸线和优化利用岸线分别为8段、4段、7段，长度各是7.4 km、34.8 km、114.9 km，分别占总长度的4.7%、22.2%和73.1%。严格保护岸线要按照生态保护红线有关要求管理，确保生态功能不降低、长度不减少、性质不改变，禁止在严格保护岸线范围内开展任何损害海岸地形地貌和生态环境的活动。限制开发岸线要以保护和修复生态环境为主，为未来发展预留空间，控制开发强度，不再安排围填海等改变海域自然属性的用海项目，在不损害生态系统功能的前提下，因地制宜，适度发展旅游、休闲渔业等产业；根据实际情况，对已经批准的填海项目要按照国家要求开展海岸线自然化、绿植化、生态化建设。优化利用岸线要统筹规划、集中布局确需占用海岸线的建设项目，推动海域资源利用方式向绿色化、生态化转变。

（2）严守保护底线，推进岸线整治

坚守自然岸线保有率底线，土地利用规划、城乡规划、港口规划、流域规划、防洪规划、河口规划等涉及海岸线保护与利用的相关规划，应落实自然岸线保有率的管理要求。按《广东省海岸带综合保护与利用总体规划》要求，确保2020年广州市自然岸

线不少于 7 km；建立自然岸线占补平衡制度，2020 年前完成整治和修复海岸线长度不少于 15 km。建立自然岸线台账，定期开展海岸线统计调查。强化海岸线动态监测，并定期公布。

（3）采取"退线"管理，加强"邻陆"管理

按《广东省海岸带综合保护与利用总体规划》要求，海岸建筑退缩线是基于经济社会发展需求与海岸自然过程相互作用、协调的控制线，海岸线向陆地延伸 100 m 至 200 m 范围内，不得新建、扩建、改建建筑物等，确需建设的，应控制建筑物高度、密度，高度不得高于待保护主体。同时，严格控制退缩线向海一侧及近海水域内的建设施工、采砂等开发活动。

（4）开展海岸修复，恢复生态功能

因地制宜，采取合适的生态修复方法或工程措施，开展海岸线生态修复工作，恢复海岸线自然属性和生态功能。优化围填海区域和人工养殖海域生态环境，维护邻近海岸线的稳定。开展红树林等典型海洋生态系统恢复工程，开展海岸修复养护工程。鼓励选择典型的海岸带，开展生态修复方法及生态工程科学研究，提出海岸线生态优化设计方案，并总结生态修复成果，及时凝练与集成适用的海岸带修复技术体系，进行推广示范。

4. 滨海湿地资源保护与修复措施

（1）严守总量底线，实施差别管控

结合《广东省人民政府办公厅关于印发广东省林业生态红线划定工作方案的通知（粤府办〔2014〕44 号）》要求，划定滨海湿地生态保护红线。实行近海与近岸湿地面积总量管控，严格限制

围填海，依法保护湿地资源，确保湿地面积不减少，至 2020 年，全市近海与近岸湿地面积不低于 25 855.2 hm²，围填海总量控制在 475 hm²。

据《广州市湿地保护规定》，湿地资源按照生态区位、生态系统功能和生物多样性，分为重要湿地和一般湿地。其中市级重要湿地应包括：①天然红树林、面积 8 hm² 以上的人工红树林湿地，或者面积 100 hm² 以上的其他近海与海岸湿地；②平均宽度 10 m 以上、长度 20 km 以上的河流湿地；③库容量 1000 万 m³ 以上的水库湿地；④面积 20 hm² 以上、具有基塘农业文化特色的湿地；⑤鸟类栖息地，或者具有濒危保护物种的湿地；⑥其他具有重要生态、人文、科研等保护价值的湿地。重要湿地应纳入生态红线及生态控制线范围，确保生态功能不降低，面积不减少，性质不改变。广州市目前尚未公布重要湿地名录，但应包括已划定或规划的 3 个湿地公园（南沙湿地、南沙滨海绿道湿地公园、海鸥岛红树林湿地公园）、1 个海洋特别保护区（万顷沙海洋特别保护区）及 8 个湿地保护小区（南沙坦头红树林、大虎岛红树林、洪奇门水道红树林、凫洲水草滩涂、蕉门红树林、孖沙岛西岸滩涂湿地、白灰田水库、海鸥岛东滩涂湿地）。重要湿地应按《广东省湿地保护条例》《广州市湿地保护规定》要求，实施严格保护。湿地公园还应根据《湿地公园管理办法》《广东省湿地公园管理暂行办法》，加强管理。

除按重要湿地、一般湿地进行分级管控外，据《广州市湿地保护规划》，广州市滨海湿地还应分级实施差别化管控。其中，Ⅰ级保护区域的湿地是国家重要生态功能区内予以特殊保护和严格控制生产活动的区域，以保护生物多样性、特有自然景观为主要目的，不涉及滨海湿地。Ⅱ级保护区域的湿地是重要生态调节功能区内予以保护和限制经营利用的区域，以生态修复、生态治理、构建生态屏障为主要目的，主要包括 3 个湿地公园、1 个海洋特别保护区及 8 个湿地保护小区，此外还包括滨海湿地内分布的红树林。Ⅲ级保护区域的湿地是维护区域生态平衡和保障主要林产品生产基地建设的区域，主要为其他天然湿地。Ⅳ级保护区域的湿地包括未纳入上述Ⅰ，Ⅱ，Ⅲ级保护区域以外的各类湿地，主要为其他人工湿地。

（2）加强湿地恢复，提升生态功能

湿地生态服务功能与其面积大小成正比，从景观尺度来看，滨海湿地斑块面积越大，其生态服务功能与价值越大。因此，应严格控制涉及湿地的开发建设及人为活动，保护湿地生态系统结构完整，降低滨海湿地景观破碎化程度，确保滨海生态廊道的有效连通（孙贤斌和刘红玉，2010）。

加强生态保护修复，使受损滨海湿地生态系统得以自然恢复，或已退化的滨海湿地生态系统得以重建，实现生态系统的稳定性，恢复良好的生态系统功能。以红树林、湿地盐沼草滩植被恢复为重点，加强湿地生态环境类型多样性保护，坚持自然恢复为主、与人工修复相结合的方式，对集中连片、破碎化严重、功能退化的自然湿地进行修复和综合整治，优先修复生态功能严重退化的重要湿地。通过污染清理、土地整治、地形地貌修复、岸线维护、水系连通、植被恢复、野生动物栖息地恢复等手段，逐步恢复湿地生态功能，增强湿地碳汇功能，维持湿地生态系统健康（陈彬等，2019）。

（3）完善保护制度，落实保护责任

强化湿地保护管理协调机制，加强不同部门、各级政府的协调与合作，不断完善湿地保护管理工作协调议事制度，落实各自职责，建立高效的湿地保护管理协调机制。逐步建立完善配套的重点湿地评审、湿地公园管理、湿地生态效益补偿等管理制度，为从事湿地保护与合理利用的管理者、利用者等提供基本的行为准则；加强执法力度，严格执法，做到有法可依、有法必依、执法必严、违法必究，各级政府定期组织对湿地现状的监督检查，及时制止破坏湿地资源的行为；建立并实施湿地开发生态影响评估制度，对天然湿地开发及用途变更的生态影响进行评估，建立审批管理程序，在涉及湿地开发利用的重大问题方面，实施湿地开发对生态环境影响评估，严格依法论证、审批并监督实施（凌玉梅，2005）。

5. 滨海湿地生物多样性保护综合保护措施

（1）加强资源调查，摸清本底状况

全面开展滨海湿地生物资源调查，包括维管束植物、浮游植物、浮游动物、底栖生物、鸟类、两栖动物、爬行动物、节肢动物等，了解滨海湿地生物资源特征及其分布情况。重点加强对湿地珍稀、濒危物种的基础调查，摸清湿地珍稀、濒危物种濒危状况、地域分布、环境胁迫和人为干扰影响，选择典型生态系统（如南沙湿地），开展长期生态观测，分析生物多样性变化规律及其影响因素。开展外来生物物种及其生态灾害影响的调查评估，科学评价外来物种的生态学影响和生态风险。

（2）保护红树林资源，加快生态修复

加强现有红树林资源保护，广州市目前仅在南沙坦头、大虎岛有小面积原生红树林分布地，应加强对红树林植物种群原生地及适宜种植红树林的沿海淤泥质滩涂的保护。南沙坦头红树林、大虎岛红树林、洪奇门水道红树林、蕉门红树林、孖沙岛西岸滩涂湿地、海鸥岛东滩涂湿地等拟规划的自然保护小区，应通过划定保护范围，必要的人工恢复措施，加强红树林植物种群、原生地及濒临退化小面积红树林湿地的保护，保存天然及乡土红树植物种质资源，通过建设隔离带、水道疏浚、道路、科普宣传教育室、设永久性界碑、永久性标识牌等，维护红树林植物生物多样性。

加快红树林生态修复。根据滩涂质地和水文水位条件，"宜林则林，宜草则草"，进行红树林和水草的人工营造。通过人工种植扩大红树林面积，逐步恢复红树林群落，发挥红树林的各项生态功能，构筑沿海国土和生态安全屏障。人工造林恢复红树林可根据海水盐度梯度选择不同适应性的红树林树种，如中低滩涂选择无瓣海桑、海桑、拉关木三个速生红树林树种造林，中高滩涂选用秋茄、桐花树、红海榄、木榄、老鼠簕等乡土红树林树种，高潮线以上选用海芒果、黄槿、水黄皮、银叶树等半红树林树种，营造红树林＋半红树林的复合带状红树林，宽度一般为50～200 m，林外保留大部分滩涂作为红树林自然恢复和水禽觅食空间。红树林区恢复初期可选择耐潮水浸淹、速生红树林种类作为先锋建群树种，待群落建立后，可逐步加入较为慢生的乡土红树林树种（刘秋红，2005）。

确保现有的红树林得到有效保护，人工种植不断扩大红树林的面积和种类，逐步恢复红树林生态系统，使红树林湿地发挥重要生态功能，保障生态安全。

（3）加强鸟类保护，优化栖息环境

加强对鸟类栖息环境的保护，红树林及河口湿地盐沼草滩植被，是鸟类栖息、觅食、筑巢、繁衍、迁徙的重要场所。保护和恢复红树林及盐沼草滩植被，对珠江口湿地生态系统的稳定与鸟类保护有着重要的生态意义。南沙湿地是候鸟迁徙途中的重要驿站，每年吸引了 10 万多只候鸟来湿地栖息过冬，占广州市候鸟总数的 50% 以上（孙贺，2013）。

首先，应避免或减缓一些特殊类型湿地生境的丧失和破碎化，维护生态系统结构完整性，保持湿地生态系统的稳定健康发展。其次，应适度对区域内具有重要意义的湿地进行生境的人工恢复，如面积分布较大的天然湿地、湿地公园、自然保护小区等，在保留现有湿地面积的基础上，尽量扩大湿地面积，提高湿地鸟类生存及活动空间。再次，重点保护候鸟栖息地，在南沙、番禺湿地候鸟繁殖地、越冬地、停歇地和迁徙通道建立湿地保护小区，如南沙蕉门、凫洲和番禺的海鸥岛等，为迁徙候鸟提供良好的停歇、栖息和觅食环境。依据其重要性，建设相应的保护设施，组建队伍开展野外巡护、看守、监测，以及栖息地的保护或恢复重建工作，确保湿地鸟类得到有效保护，维护湿地鸟类的生物多样性。最后，不同的水鸟需要不同的湿地生境，应营造多样化的湿地生境，恢复鸟类栖息地，以满足游禽、涉禽等各种湿地鸟类的生态需求。

2.4　广州市陆海统筹管理现状和对策

2.4.1　陆海统筹管理现状

1. 各部门职责

从广州市政府机构设置分析，广州市地表水和海洋生态环境监督工作管理部门是广州市生态环境局，根据政府职责分工，广州市生态环境局是主管全市环境保护统一监督管理部门，负责全市地表水和海洋生态环境污染防治工作、协调组织重大环境突发污染事件应急及重大环境污染和生态破坏事故调查处理、统筹推进全市污染减排工作。

广州市水生生物保护工作隶属于广州市农业农村局，根据政府职责分工，广州市农业农村局涉水生生物管理的相关职责为：拟订渔业发展的政策、规划并组织实施；组织实施水生生物资源养护、增殖放流和渔业生态环境监测；开展水生野生动物保护工作，监督管理外来水生生物物种安全；负责渔业统计工作。组织水生动物疫情监测、预警预报和应急处理。

广州市湿地资源管理部门是广州市林业和园林局，根据政府职责分工，广州市林业和园林局涉陆海统筹相关的职责为：指导全市湿地保护工作，组织实施湿地生态修复、生态补偿工作，管理国家和省市重要湿地，指导建设湿地公园。组织开展湿地资源动态监测与评价工作。

广州市水资源管理部门是广州市水务局，根据政府职责分工，广州市水务局涉陆海统筹相关的职责为：负责保障水资源的合理开发利用。拟订水务发展规划，组织编制全市水资源综合规划、重要江河湖泊流域综合规划、防洪规划、供水规划、排水规划等水务规划。组织编制并实施水资源保护规划。负责重要流域、区域以及重大水工程的水资源调度。负责全市河道、湖泊、水库等河湖的监督管理，组织实施水域及其岸线、河口滩涂的治理、综合利用和保护。组织指导水利基础设施网络建设。指导监督河道采砂管理工作。指导河湖水生态保护与修复、河湖生态流量水量管理以及河湖水系连通工作。指导水文水资源监测、水文站网建设和管理。指导江河湖库和地下水监测，负责发布全市水资源公报。组织开展水资源调查评价和水资源承载能力监测预警工作。承担重大和跨区域涉水违法事件的查处；协调和仲裁跨区水事纠纷。

广州市地方性法规、规章及产业发展规划的制定部门是广州市发展和改革委员会，根据政府职责分工，广州市发展和改革委员会涉陆海统筹相关的职责为：起草有关地方性法规、规章草案，研究提出城市总体发展战略，衔接、平衡城市总体规划、土地利用总体规划及各专项规划和区域规划，承担规划全市重大建设项目和生产力布局的责任；统筹协调全市产业发展，推进经济结构战略性调整和升级；组织拟订产业发展的战略、总体规划、重点产业规划和综合性产业政策，负责协调产业发展的重大问题并衔接平衡相关发展规划和重大政策，协调推进产业重大建设项目建设，统筹现代产业体系建设；牵头协调全市《珠江三角洲地区改革发展规划纲要（2008—2020 年）》组织实施工作，组织拟订区域协调发展、区域合作发展的战略、规划和政策,协调城市功能区发展。

广州市湿地、水、海洋等自然资源资产管理和国土空间用途管制职责隶属于广州市规划和自然资源局,并加挂广州市海洋局牌子。根据政府职责分工,广州市规划和自然资源局涉陆海统筹相关的职责为:组织起草并实施有关自然资源、国土空间规划的地方性法规、规章和政策措施。建立健全自然资源调查监测评价体制机制。实施自然资源基础调查、专项调查和监测。组织编制并监督实施国土空间规划和综合交通规划等相关专项规划。组织划定生态保护红线、永久基本农田、城镇开发边界等控制线,构建节约资源和保护环境的生产、生活、生态空间布局。组织拟订并实施土地、海洋等自然资源年度利用计划。负责土地、海域、海岛等国土空间用途转用工作。负责统筹国土空间生态修复。牵头组织编制国土空间生态修复规划并实施有关生态修复工程。负责海洋生态、海域海岸线和海岛修复等工作。负责监督实施海洋战略规划和发展海洋经济。组织海洋政策研究,提出优化海洋经济结构、调整产业布局、建设海洋强市的建议。拟订海洋发展政策并监督实施。会同有关部门拟订海洋经济发展、海岸带综合保护利用等规划和政策并监督实施。负责海洋经济运行监测评估工作。负责海洋开发利用和保护的监督管理工作。负责海域使用和海岛保护利用管理。制定海域海岛保护利用规划并监督实施。负责无居民海岛、海域、海底地形地名管理工作,监督管理海底电缆、管道铺设及海上人工构筑物设置。负责海洋观测预报、预警监测和减灾工作,参与海洋灾害应急处置。

广州市城乡建设管理部门是广州市住房和城乡建设局，根据政府职责分工，广州市住房和城乡建设局涉陆海统筹相关的职责为：组织城乡建设项目方案论证比选；统筹编制和审查城建项目的项目建议书和可行性研究报告。负责规范和指导全市村镇建设，促进城乡建设统筹发展；统筹指导农村中心镇和重点镇建设；统筹市投资的村镇建设计划安排；统筹推进市名镇名村、美丽乡村和宜居示范村镇建设工作；参与历史文化名城（镇、村）的保护工作；负责组织改善农村人居环境工作。

广州市各部门涉及陆海统筹职责分工见表 2.3。

表 2.3　广州市各部门涉及陆海统筹职责分工表

序号	政府部门	部门主要职责（涉陆海统筹部分）
1	广州市生态环境局	地表水和海洋生态环境监管工作、环境污染和生态破坏事故调查处理、污染减排工作
2	广州市农业农村局	拟订渔业发展的政策，组织实施水生生物资源养护、增殖放流和渔业生态环境监测；开展水生野生动物保护工作；渔业统计工作
3	广州市林业和园林局	湿地保护工作，组织实施湿地生态修复、生态补偿工作，开展湿地资源动态监测与评价工作
4	广州市水务局	负责保障水资源的合理开发利用。拟订水务发展规划，组织编制全市水资源综合规划、重要江河湖泊流域综合规划；实施水资源保护规划。负责重要流域、区域以及重大水工程的水资源调度。指导河湖水生态保护与修复
5	广州市发展和改革委员会	协调城市总体规划、土地利用总体规划及各专项规划和区域规划，重大建设项目管理
6	广州市规划和自然资源局（市海洋局）	履行包括海洋等自然资源资产所有者职责和所有国土空间用途管制职责，负责监督实施海洋战略规划和发展海洋经济，以及海洋开发利用和保护的监督管理工作
7	广州市住房和城乡建设局	组织城乡建设项目方案论证、规范和指导全市村镇建设，促进城乡建设统筹发展，负责组织改善农村人居环境工作

2. 陆海统筹的相关规划

广州靠江靠海、紧邻港澳，位于我国沿海经济带与珠江三角洲经济带的交会点，在广东乃至全国大格局中处于重要位置，丰富的陆地资源与海洋资源，为区域陆海统筹的发展提供了巨大潜力。陆海统筹发展既是广州发展的重大机遇，又是相关部门的重要职责。广州市紧紧围绕沿海开发和陆海统筹发展思路，积极推进河口及海洋管理创新，统筹陆海资源，统筹产业、环保、规划等。海洋经济是国民经济高质量发展的战略要地，向海洋谋发展，向海洋图创新，是广州保持千年商港长盛不衰的根本。发展海洋经济，提高海洋科技创新能力，是深入贯彻落实习近平总书记关于海洋强国的系列重要讲话精神以及致 2019 中国海洋经济博览会贺信精神的重要举措。广州市学习贯彻习近平总书记重要讲话、重要指示批示和海洋强国重要论述精神，全面落实省委省政府、市委市政府关于加快建设海洋强省、海洋强市的决策部署，准确把握全市海洋工作总体思路，大力推进陆海统筹，力争在陆海统筹发展上取得新的突破。2017 年 4 月习近平总书记对广东省作出了"四个坚持、三个支撑、两个走在前列"的重要批示，为广东省推进陆海统筹、拓展发展空间带来了历史性发展机遇。广州市凝聚开放崛起合力，坚持陆海统筹、创新驱动、生态优先、提质增效，高水平"引进来"，大踏步"走出去"，在"四个走在全国前列"中铿锵前行。

（1）《广东省环境保护"十三五"规划》

2016 年 9 月，《广东省环境保护"十三五"规划》经省人民政府同意颁布实施，规划提出深化城市圈污染联防联治。完善珠江三角洲环保一体化机制，加快解决区域大气复合污染、跨市河流污染等突出问题。深化"广佛肇+清远、云浮、韶关""深莞

惠 + 汕尾、河源""珠中江 + 阳江"等经济圈内部环保合作，建立"汕潮揭"城市群大气污染联防联控机制，加强城市间环境应急预警联动，联合开展城市群饮用水源保护，有序推进产业转移。全面实施"河长制"，完善跨行政区河流交接断面管理制度。逐步建立陆海统筹的污染防治机制。提升卫星遥感监测能力，打造无人机航空遥感应用示范基地，结合地面生态监测，构建天空地一体化生态环境遥感立体监测网络。到 2020 年，初步建成陆海统筹、天地一体、上下协同、信息共享的生态环境监测网络。

（2）《广东省沿海经济带综合发展规划（2017—2030 年）》

2017 年 12 月 5 日，经广东省委省政府通过，《广东省沿海经济带综合发展规划（2017—2030 年）》正式发布。该规划围绕打造"全国新一轮改革开放先行地、国家科技产业创新中心、国家海洋经济竞争力核心区、'一带一路'倡议和重要引擎、陆海统筹生态文明示范区、最具活力和魅力的世界级都市带"的战略定位，提出"一心两级双支点"总体发展格局和"五带三区一体系"的重点任务，统筹谋划沿海地区经济社会文化生态发展，并分阶段提出发展目标，到 2020 年，推动沿海经济带形成科学有序的空间开发格局、国际化开放型创新体系、具有国际竞争力的现代产业体系、具有全球影响力的战略枢纽门户、极具魅力的世界级沿海都市带；到 2030 年，沿海经济带建成世界一流的科技产业创新中心、先进制造业基地和现代服务业中心，在全球的综合竞争力和科技创新能力显著提升，建成陆海统筹的生态文明示范区，成为更具活力和魅力的广东黄金海岸和国际先进、宜居宜业、开放包容、特色彰显的世界级沿海经济带。

（3）《广东省海岸带综合保护与利用总体规划》

"十三五"时期是海洋经济发展的重要战略机遇期，也是广东海洋经济转换增长动力、创新驱动发展的关键期。随着"一带一路"倡议得到周边国家广泛响应、天然气水合物试采成功、海洋强国战略的实施，广东省海洋经济发展迎来前所未有的历史机遇。《广东省海岸带综合保护与利用总体规划》把建设沿海经济带作为广东省区域经济发展的重要战略，充分发挥海洋资源丰富的优势，加强陆海统筹，整体规划推进新型城镇化、交通基础设施建设和现代产业发展，全面提升沿海经济发展水平。近年来，广东省在海洋产业发展、海洋科技创新、海洋生态文明建设等方面做了很多工作，从"学"到"做"，以实际行动来践行省党代会精神，为再造一个新广东贡献力量。

编制《广东省海岸带综合保护与利用总体规划》是落实国家和省委省政府部署的具体行动，有利于统筹陆海规划建设，解决广东省海岸带保护与利用中存在的问题，把海洋资源优势与产业转型升级和开放型经济发展需要结合起来，向海洋要资源、要环境、要空间，打造沿海经济带，形成新的增长极。

该规划最大的特点就是基于广东省海岸带的自然属性和发展需求，遵循"以海定陆，陆海统筹；生态优先，绿色发展；因地制宜，有序利用；以人为本，人海和谐"的原则，以海岸线为轴，提出了构建"一线管控、两域对接，三生协调、生态优先，多规融合、湾区发展"的海岸带功能管控总体格局。该规划是当前和今后一段时期海岸带保护和利用的基础性、总体性、约束性文件，是基于生态系统的海岸带综合管理的纲领性文件，是建设海洋经济强省的工作指南。

（4）《广东省深化泛珠三角区域合作实施意见》

2017 年 1 月，《广东省深化泛珠三角区域合作实施意见》经广东省人民政府颁布实施，提出坚持"政府引导、统筹推进，改革引领、创新驱动，优势互补、合作共赢，陆海统筹、全面开放，生态优先、绿色发展"的原则，着力深化改革、扩大开放，推动广东省在泛珠三角区域"9＋2"各方合作中发挥更大的作用，推动内地九省区一体化发展，深化与港澳更加紧密合作，促进泛珠三角区域经济协调联动发展，共同打造全国改革开放先行区、全国经济发展重要引擎、内地与港澳深度合作核心区、"一带一路"建设重要区域、生态文明建设先行先试区，共同构建经济繁荣、社会和谐、生态良好的泛珠三角区域。

在深化区域经济合作发展，优化区域经济发展格局中强调共同编制实施《泛珠三角区域合作发展规划》《粤港澳大湾区发展规划纲要》和《北部湾城市群规划》等重大区域发展规划。大力推进珠江-西江经济带、粤桂黔高铁经济带、琼州海峡经济带、东江生态经济带建设，合力构建沿江、沿海、沿重要交通干线的经济发展带。建立毗邻省区间发展规划、城镇群规划、城市群规划衔接机制，推动空间布局协调、时序安排同步。注重陆海统筹，协同福建、广西、海南等省区及港澳合作发展海洋经济，积极构建粤港澳、粤闽、粤桂琼三大海洋经济合作圈，共同科学开发海洋资源，保护海洋生态环境。

（5）《广东省生态环境监测网络建设实施方案》

《广东省生态环境监测网络建设实施方案》提出，到 2020 年，建成陆海统筹、天地一体、上下协同、信息共享的生态环境监测网络。全省生态环境监测网络体系达到国际先进水平，基本实现环境质量、重点污染源、生态状况监测全覆盖；生态环境监测大数据平台基本建成，各级各类监测数据系统互联共享，监测信息统一规范发布，监测预报预警、信息化能力和保障水平明显提升。

（6）《广州市生态文明建设规划纲要（2016—2020年）》

2016年8月，《广州市生态文明建设规划纲要（2016—2020年）》（以下简称《纲要》）经广州市第十四届人民代表大会常务委员会第五十三次会议批准，印发颁布实施。《纲要》指出："区域一体化进程的不断深入为生态文明建设创造了有利条件。省委、省政府致力于将广佛肇清云韶经济圈打造成为珠三角地区辐射能力最强的综合服务中心和国际竞争力最强的产业中心，这一重大举措强化了广州市与各城市间的区域合作，有利于推进产业的合理分工和布局，有利于建立健全陆海统筹的生态系统保护和污染防治区域联动机制，实现区域生态文明建设的统筹推进和协调发展。"

《纲要》提出，构建陆海和谐的海洋开发格局。保护岸线和海岛资源，实施岸线、海岛等资源分类管理，严格围填海管理。创新海岸带开发模式，生产岸线实施环境综合治理，实施海洋生态修复。增强河口海域的水体交换能力，改善河口海域环境质量。优化黄埔、番禺、南沙沿线港口、港区布局。建设海洋生态监管体系，根据海洋资源环境承载力，科学编制海洋功能区划，确定不同海域主体功能。严格生态环境评价，开展海洋资源和生态环境综合评估。建立海洋环境立体监测网络，加强港口岸线资源保护。加大对水生野生生物和近岸原生生态系统的调查，加强对红树林生态系统的保护、建设和跟踪监控，建立海洋珍稀、濒危物种资源评估体系，建设可持续发展的海洋生态系统。

（7）《广州市国民经济和社会发展第十三个五年规划纲要（2016—2020 年）》

2016 年 3 月，《广州市国民经济和社会发展第十三个五年规划纲要（2016—2020 年）》经广州市第十四届人民代表大会第六次会议批准颁布实施。该规划纲要提出："树立蓝色经济发展理念，坚持陆海统筹，科学开发海洋资源，构建陆海协调、人海和谐的海洋空间发展格局。"

（8）《广州市海洋经济发展第十三个五年规划（2016—2020 年）》

《广州市海洋经济发展第十三个五年规划（2016—2020 年）》经市人民政府同意颁布实施，从空间布局、产业发展、科技创新等方面引领海洋经济发展。其提出："要积极拓展蓝色经济空间，坚持陆海统筹，壮大海洋经济，科学开发海洋资源，保护海洋生态环境，维护我国海洋权益，建设海洋强国。"广州作为国家重要中心城市、华南经济中心和岭南文化中心，正进入提质增效的发展轨道。"十三五"期间，广州树立创新、协调、绿色、开放、共享的发展理念，构建陆海协调、人海和谐的海洋空间发展格局，为推进广州国际航运中心、物流中心、贸易中心、现代金融服务体系和国家创新中心城市建设提供重要支撑；并且结合陆海统筹理念，提出广州市海洋生态、海洋管理体系的发展目标。

（9）《广东省海洋生态红线》

2017 年 9 月，《广东省海洋生态红线》经省人民政府批准颁布实施。要求沿海各地级以上市人民政府和省海洋与渔业厅等有关部门要按照"严标准、限开发、护生态、抓修复、减排放、控总量、提能力、强监管"的总体思路，用最严格的制度保护海洋生态环境。根据海洋生态系统特点、保护与管理要求，分区划定海洋生态红线区，制定差别化管控措施，实施针对性管理。提出"坚持生态保护与整治修复并举，将重要、敏感、脆弱的生态系统或区域纳入生态红线区范畴，限制损害生态功能的产业扩张，对于已经受损、需要开展整治修复的生态系统，也要纳入生态红线范畴，以遏制其生态系统进一步退化"的原则。

（10）《广东省海洋主体功能区规划》

2017 年 12 月，《广东省海洋主体功能区规划》（以下简称《规划》）经省人民政府批准颁布实施。《规划》坚持陆海统筹的基本原则，统筹海洋空间格局与陆域发展布局，统筹沿海地区经济社会发展与海洋空间开发利用，统筹陆源污染防治与海洋生态环境保护和修复，统筹海域和河口保护利用，保障防洪纳潮、河势稳定。《规划》提出到 2020 年，广东省形成主体功能定位清晰的海洋国土空间格局，沿海海湾更加美丽、海洋产业布局更加均衡、海洋和陆地发展更加协调，资源利用更加集约高效，生态系统更加稳定，基本实现经济布局、生态环境相协调，海洋资源开发利用与沿海经济社会可持续发展的新局面。

纵观以上规划，提出了陆海统筹理念，提出逐步建立陆海统筹的污染防治机制的要求，但未见有关陆海统筹的具体实施方案。

2.4.2　陆海统筹管理存在的主要问题

1. 多部门交叉管理

从我国管理部门层面分析，长期以来，我国环境保护管理工作存在"陆上环保不下海，海上环保不上陆"的海陆环境保护管理分离状态。沿海地区环境管理存在海陆割裂、条块交错的混乱现实现象，无论是陆域环境管理部门还是海域环境管理部门，其管辖区域没有完全覆盖陆海污染的调控范围，甚至出现管理的盲点，因此，导致陆海各项保护机制间缺乏有效衔接。

虽然政府机构改革在一定程度上理顺了陆海管理的职责，但由于管理范围的重叠，仍然未从根本上改变部门交叉管理的现状。从广州市政府机构设置来看，地表水和海洋生态环境监管工作管理部门主要由广州市生态环境局负责，但广州市规划和自然资源局下挂市海洋局的牌子，负责湿地、海洋等自然资源资产管理、海域国土空间规划、海洋生态等修复工作。

2. 水体管理范围不明确

广州市地处广东省中南部，珠江三角洲中北缘，是西江、北江、东江三江汇合处，濒临南海，属于珠江河口区。长期以来，地表水主管部门和海洋主管部门对河口区域的管理早已成事实。通过《广州市环境质量状况公报》和《广东省海洋环境状况公报》的覆盖范围可以看出，河口区域的交叉管理仍然存在，由于目前尚未建立起与河口水体单元相适应的环境管理体系，因此《中华人民共和国环境保护法》相应的管理措施无法得以有效实施。根据广东省环保部门颁布的地表水及近岸海域环境功能区划范围和海洋部门颁布的海洋功能区划范围来看，位于广州市河口区域的水域管理范围存在一定程度的重合。

3. 多个功能区划作用于同一水域

陆海统筹所涉及的管理区域大部分集中在河口区，河口因其特殊的水体特征和地理位置，目前在环境管理方面涉及多个部门，通常各部门会根据各自职能特点、管理权限在河口进行功能区划分。目前，与河口水体相关的标准有：《水功能区划分标准》（GB/T 50594—2010）、《地表水环境功能区类别代码（试行）》（HJ 522—2009）、《地表水环境质量标准》（GB 3838—2002）、《海水水质标准》（GB 3097—1997），通常会出现同一区域两套标准的情况。而各部门对河口区不同的用途又划定了相关的功能区，《海洋功能区划技术导则》（GB/T 17108—2006）侧重规范海域的使用用途；《国家生态功能区划（修编版）》侧重区域生态功能定位；《主体功能区划》侧重产业准入、产业结构调整、区域经济发展模式、重大工程准入；水生态功能分区侧重设置水生态管理、空间管控、物种保护三大类管理目标，为开展水生态资产评估和生态红线划定提供边界；而水生态分区是制定基准、评价体系和重要单元，重要反映不同水体类型或相同水体类型不同区段背景差异。从目前陆海统筹区域来看，多个功能区划作用于同一河口水域，在地理空间范围上有很大重叠，造成功能区之间达标协调性考虑不足，如相邻功能区划之间的水质目标过于悬殊，容易造成低功能区的虚置，从而导致相邻功能区的水质超标。

4. 近岸海域环境污染呈交叉复合态势

广州近岸海域污染主要来自陆源，其次是船舶和海洋养殖。陆源污染约占整个海洋污染的 80%，船舶污染约占海洋污染的 15%，海洋养殖、海洋资源开发造成的污染约占整个海洋污染的 5%（任以顺，2006）。陆源污染主要包括沿岸的工业、城镇生活、海岸工程、农业、旅游等污染。船舶污染包括停泊船只对港区水域的污染、航行船舶对海洋的污染和船舶海上溢油事故的污染。虽然广州在海洋环境污染源治理上做了大量工作，但海洋环境改善并不明显。

陆源污染仍然是广州市海域生态环境恶化的主导因素，入海污染物通量没有得到明显控制，广州海域的纳污能力严重超负荷，尤其对于无机氮和活性磷酸盐，几乎无更多容纳能力，大量污染物不仅降低了广州海域海洋生态系统的生产力，也在一定程度上影响了陆域生态服务功能（黄云峰，2008）。尽管 2016 年广州沿岸入海排污口均未出现超标排放的情况，珠江口海域环境质量仍不能满足周边海洋功能区环境质量要求，黄埔港、狮子洋、虎门等海域无机氮和活性磷酸盐指标均出现劣于Ⅳ类海水水质标准的情况。

5. 水质目标及指标体系存在矛盾

目前陆海统筹所涉及的河口管理区域主要采用河海划界的方式，但河口边界在《中华人民共和国环境保护法》《中华人民共和国水法》《中华人民共和国海洋环境保护法》等法律中至今未进行明确界定，相关管理部门之间很难相互认同，执行困难，至此产生数十年来陆海、河海边界之争，而且实际操作中往往随意性较大，极易造成管理上的混乱。河口管理区域究竟按照《地表水环境质量标准》，还是按照《海水水质标准》进行管理备受争议。目前流域规划中要求按照《地表水环境质量评价办法（试行）》（环办〔2011〕22 号文）进行地表水水质评价，按照《海水水质标准》进行近岸海域水质评价。依据水域环境功能和保护目标，地表水划分为五类，而海水划分为四类，以广州万顷沙附近海域为例，该部分水域按照《广东省海洋功能区划》执行《海水水质标准》中海水 II 类水质目标要求，而相同区域按照《广东省地表水环境功能区划》执行《地表水环境质量标准》中地表水 III 类水质责任目标要求，造成该区域水质目标不明确。

在分析研究 1979 年以前国外水质基准、标准有关基础上，我国结合当时国情制定了《海水水质标准》（GB 3097—1982），于 1997 年进行了第二次修订，即现在执行的《海水水质标准》（GB 3097—1997），由国家环保总局会同国家海洋局共同提出。而《地表水环境质量标准》（GB 3838—2002）是自 1983 年国家首次发布后，经历了三次修订，由国家环保总局提出的。由于两大标准制定的相关管理部门及监测的出发点不一致，造成水质指标存在显著差别。如环境保护部门对水质的监测主要针对氨氮和总磷，而海洋管理部门对近海水质的监测则考虑了硝酸盐、氨氮和磷酸盐等不同种类的营养盐。监测指标的差异制约着对营养盐污染状况和营养盐污染源的客观评价，可能存在指标无法对接，不能从根本上解决近岸海域富营养化的问题（刘静等，2017）。

根据 1989 年至今超过 30 年的《广东省环境状况公报》和《广

东省海洋环境状况公报》研究结果，营养盐始终是珠江口首要超
标因子，珠江口水环境质量评价结果长期"一片红"，并未得到
有效改善，很大程度上由于评价标准和评价方法不合理，导致评
价结果与水体改善情况不符（党二莎等，2019）。由于不能客观反
映水环境质量现状及变化趋势，对公众而言，无法与感受相一致；
对区域水质目标责任主体而言，无法合理有效评估其绩效；对管
理责任主体而言，无法有效支撑目前的水环境质量分析及预警工
作，影响水污染防治综合督导机制。

2.4.3　陆海统筹管理机制对策

1. 科学划分陆海统筹管理水体单元并纳入流域管理

明确陆海统筹管理区域是进行陆海统筹水环境管理的前提条
件，由于陆海统筹涉及河流、河口、近岸海域等水体类型不是单
一的个体，而水环境介质又具有流动性，因此陆海统筹区域的水
体保护就需要统筹考虑上下游水体水质。摸清不同指标在陆海统
筹各水体间衔接情况和相应规律，进而制定相应的管理措施，从
而有效削减污染物。在尊重自然规律的基础上，科学划分陆海统
筹各水体单元，对维护管理部门在水环境有序管理上的意义重大，
也将为生态资产核算、损害鉴定、生态补偿等多项水环境管理制
度提供有效依据。图 2.1 为基于陆海统筹的水环境管理体系框架，
通过对陆海统筹的水环境管理体系框架进行分析，将陆海统筹纳入
流域管理，统筹流域上下游不同水体类型之间的衔接，优化环境监
管和执法职能配置，实现环境保护统一规划、统一标准、统一评

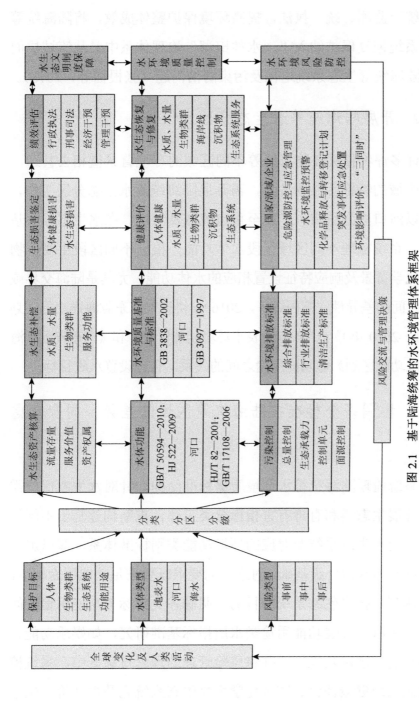

图 2.1　基于陆海统筹的水环境管理体系框架

价、统一监测、统一执法，提高环境保护整体成效，将陆海统筹生态系统恢复保护纳入"山水林田湖"治理体系中，从流域层面解决陆海统筹生态系统退化及污染防治问题（张根福等，2018）。

2. 开展陆海统筹水生态分区工作

许多评价指标在陆海统筹不同区域的环境背景值相去甚远，不同区域的特征污染物各异，需开展陆海统筹水生态分区工作，同时以河口区为纽带，扩展至重点流域及海域。在水生态分区基础上，系统梳理不同区域区段水体功能，根据不同区段生物、物理、化学背景及响应特征设置相应的水体功能，尤其是陆海交界咸淡水之间的差异性（郑丙辉等，2016）。协调《广东省海洋功能区划（2011—2020年）》《广东省地表水环境功能区划》和《广东省近岸海域环境功能区划》等功能用途之间的关系，合理设置水质目标。

3. 协调多个标准在陆海统筹区域的差异，同步考虑修订

系统梳理陆海统筹水环境质量标准结构，针对水生态保护需求，开展生态类和有毒有害指标分类工作，重新构建基于不同保护水平的水生态系统及对应的环境功能类别标准体系，即以水生态系统作为水体分级基础，对水质的要求既要满足功能用途标准，又需达到保护水生态系统的目的。明确各类指标与功能用途之间的相互关联，开展功能用途类水质指标基准研究，如娱乐功能、游泳功能、潜水功能等，并将风险管理的理念贯穿其中。系统梳理生态系统健康评价、物理化学生物生态系统完整性评价、生态

质量状况评价多个概念之间的区别与联系，建立符合陆海统筹区
域的水质评价与生物评价联合评价方式，开展评价结果、不同方
法之间的相互校验，构建陆海统筹生态分区-基准-评价方法一体
化监管体系（刘静等，2017）。

4. 充分发挥陆海统筹区域的营养物控制策略

根据陆海统筹生态改善需求，解决氮磷等首要污染物在河口
区衔接的问题。在陆海统筹、河海兼顾原则下，增加总氮、总磷、
水生态指标及例行监测，统一营养盐总量控制指标，确保入海营
养物质得到控制，有效缓解目前近岸海域存在的赤潮等水生态环
境问题（刘静等，2017）。

提高陆域工业集聚区、城镇污水处理设施脱氮除磷能力，加
强畜禽养殖与农村面源污染控制，进行海水养殖、港口与船舶、
石油勘探等污染防治，综合整治入海排污口、入海河流，减少陆
源排放。

由于地貌和水动力差异，导致陆海统筹区域不同类型水体对
外来环境干扰的生态响应方式差异显著，需甄别和筛选目前优先
级管理对象，实施陆海统筹重点区域计划，进行综合整治。整体
考虑陆海统筹区域营养物基准制定技术方法的共性与差异性，统
一制定不同类型水体营养物基准。

第3章

陆海统筹生态系统保护与修复机制建设

生态保护与修复机制建设是生态文明建设和责任政府构建的一项重要内容。长期以来，我国环境保护管理工作存在"陆上环保不下海，海上环保不上陆"的海陆环境保护管理分离状态。2018 年 3 月，国务院机构改革，环境保护部改为生态环境部，并增加了海洋环境保护等职责。政府作为陆海统筹生态系统保护与修复的主体，所承担的生态保护与修复职能和责任将越来越艰巨。如何构建并完善广州市陆海统筹生态系统保护与修复机制建设，推进陆海统筹生态系统保护与修复的科学化、制度化和有效性，成为当前政府亟待解决的问题。在生态文明建设战略指导下，借鉴国外陆海统筹生态系统保护与修复机制建设的经验与启示，结合广州市陆海统筹生态系统的具体情况，陆海统筹生态系统保护与修复机制建设首先要以生态文明建设为指导，并着力从实施推进机制、区域协同机制、责任追究机制等方面建立和完善陆海统筹生态系统保护与修复机制建设，实现陆海统筹生态系统科学有效治理（柴茂，2016）。

3.1　陆海统筹生态系统保护与修复机制的要素分析

陆海统筹生态系统保护与修复机制是一个相对复杂的系统，要实现对陆海统筹生态系统保护与修复机制的科学分析和把握，必须要明确在分析过程中的关键要素和核心内容，具体来说，主要包括组建合理的保护与修复主体体系，构建科学的保护与修复主体结构，选择科学的保护与修复模式，建立适用的评价机制。

3.1.1　陆海统筹生态系统保护与修复主体

陆海统筹生态系统保护与修复是在陆海统筹生态系统保护与修复过程中利益相关者以参与、协商、沟通等原则实现对陆海统筹生态系统的保护与修复形式。政府作为陆海统筹生态系统保护与修复的主体，担负起陆海统筹生态系统保护与修复的决策者、引导者、监督者和执行者，起着核心主体作用。

政府作为陆海统筹生态系统保护与修复主体主要基于以下两个方面：一方面，陆海统筹生态系统保护与修复本身的内在要求。作为资源生产要素的陆海统筹生态环境具有典型的公共产品性，若生态资源争夺得以放任，必然会造成陆海统筹生态系统的破坏。另外，陆海统筹生态系统保护与修复是一个复杂性、长期性的系统工程。由于陆海统筹生态系统的脆弱性、开放性和复杂性，使其治理的难度较大，普遍情况下，陆海统筹生态系统保护与修复需要涉及不同地区、不同部门，甚至跨区域、跨国家等。陆海统筹生态系统保护与修复的上述要求和特征必然要求其治理主体具有公共性，并且有强大的公共权力和社会动员能力来实现对其有效的治理。政府作为公权力代表，可以通过其特有行政结构和行政权力编织一张"政府网络"行使生态系统保护与修复主体职能。另一方面，政府履行陆海统筹生态系统保护与修复职能要求。政府作为社会公共事务管理者，是社会公共行为规则的制定者和执行者，在陆海统筹生态系统保护与修复中处于核心主体地位，发挥着主导作用和监管作用。首先，政府是经济社会发展的主导者和推动者，把握着陆海统筹生态环境的发展方向，决定其是否能健康、持续、协调发展。离开政府的方向指导、政策支撑和制度保障，陆海统筹生态系统保护与修复将如一盘散沙，举步维艰。但随着政府职能转变与国家综合改革深化，陆海统筹生态系统保护与修复将会成为政府政治职能的核心范畴。其次，政府可以为陆海统筹生态系统保护与修复提供强有力的组织保障。政府的有效治理可以使经济发展和环境保护有效协调，达到既发展经济，又避免生态环境破坏的双赢局面，使陆海统筹生态系统得到保护。做好陆海统筹生态系统的保护与修复，必须在统一的方针、政策、法规、标准指导下进行，而这些只有政府可以实现。

虽然陆海统筹生态系统保护与修复的主体是政府部门，但是随着国家治理体系和治理能力现代化的要求，构建多元主体参与的生态环境治理体系，使民主、协作融入陆海统筹生态系统保护与修复，形成多元主体共同参与的生态环境建设的运行机制也成为一种趋势和必然，如在政府主导下，可以充分发挥第三方机构和社会公民等主体的广泛参与，实现陆海统筹生态系统保护与修复效益的最大化。

3.1.2　陆海统筹生态系统保护与修复结构

从生态文明的视野来看，陆海统筹生态系统保护与修复是一个由政府主导、多方参与形成合力的综合治理体系。它要求参与环境保护和生态建设的各部门职责分明，且拥有权责清晰的政府职能考评体系，各部门之间有效进行分工与合作，形成有利于推进生态文明建设的协同治理机制，实现生态治理的整合效应。

第一，顶层设计。陆海统筹生态系统保护与修复应以实践科学发展观为主要任务，以新发展理念为引领，以推动高质量发展为主题，调动社会各方力量参与陆海统筹生态系统保护与修复的积极性，变政府主管为政府服务，通过精简政府相关部门的叠加职能，协调政府相关部门之间的利益，改变现有的相关陆海统筹生态系统保护与修复行政格局，从整体上统一规划，实现全方位和多层次的陆海统筹生态系统管理布局，提高政府对陆海统筹生态系统保护与修复的绩效。

第二，职能安排。整体规划，系统推进，把陆海统筹生态系统保护、修复、规划和发展纳入政府陆海统筹生态系统生态建设的核心职能范围，强调政策与法律的引导作用，实现环境保护和生态建设发展的制度化和规范化。①要科学处理整体与局部的关系，既遵循陆海统筹生态系统生态建设的宏观战略，又善于结合各地区特色制定个性化规划；②要加强环境治理体系的安全性，提高突发环境污染实践的应急处理能力；③要注重发挥政策法规引导功能和考核机制的鞭策功能，提高政府对陆海统筹生态系统保护与修复的积极性，考核监督政府及行政人员的生态治理决策和行为。

第三，机制运行。政府要打破以往政府单一主体的陆海统筹生态系统保护与修复的社会组织形式，搭建社会力量参与环境保护和生态建设的平台，充分发挥社会组织在陆海统筹生态系统保护、修复和生态文明建设中的系统整合作用，构建以政府为主导的社会多元主体共同参与的开放型、网络化生态治理新格局，形成"公众实质性参与、政府包容性合作、网络主体成熟、治理机制完善的陆海统筹生态系统保护与修复体系"。

3.1.3 陆海统筹生态系统保护与修复模式

实现陆海统筹生态系统保护与修复要在规范政府行为的基础上，构建多元化的激励机制和约束机制，整合相关利益群体，确立科学、理性、全过程的参与机制。

第一，政府主导模式。首先，政府环境保护应立足科学化，要把握我国当前经济社会发展规律及未来发展趋势，制定陆海统筹生态系统保护与修复的动态目标，并以此约束各级部门生态治理的决策和行为。其次，统筹环境保护与经济社会发展，在根本上将陆海统筹生态系统的生态环境质量作为约束性指标。最后，应全面改革和完善陆海统筹生态系统保护与修复体制，组建环境管理机构，强化地方政府陆海统筹生态系统环境保护工作的考核标准，细化地方政府陆海统筹生态系统环境保护工作的考核内容。

第二，市场引导模式。充分发挥经济的激励作用，通过生态补偿等手段，结合陆海统筹生态系统生态红线和生态功能区划分，实现区域内环境治理效益最大化。完善环境管理政策体系，以落实排污许可证制度为途径，克服现有环境监管中的不足。在财政预算中增设并强化陆海统筹生态系统环境保护类项目，保证陆海统筹生态系统环境保护资金的投入，提高环保部门的独立性及财权与事权的对等程度。

3.1.4　陆海统筹生态系统保护与修复评价

加强对陆海统筹生态系统保护与修复的评价是推进实力效果的重要保障。首先，要把完善政府的生态治理绩效考核机制设计当成目前生态治理的重要任务。党的十八大明确提出政府生态文明建设的要求，要求创建考核办法，制定奖惩机制，明确考核标准，把经济发展中的资源利用和环境污染纳入生态治理绩效考评体系。党的十八届三中全会也强调，要完善发展成果考评体系，纠正单纯以经济增长速度评定政绩的偏向，加大资源损耗、环境污染、生态效益等指标的权重（张春昕，2014）。其次，把各级领导干部生态治理绩效考评指标设计作为生态治理实施的重要保障。要做顶层规划，科学设计领导干部绩效评估指标，将责任范围内陆海统筹生态系统保护与修复纳入考核体系，综合考察经济效益和生态效益，并将考核结果作为干部晋升参考。同时，要加大对各级地方官员的行政问责。在政府和领导干部绩效考评的基础上，对陆海统筹生态系统污染控制不力而导致突发性群体性事件的官员实行一票否决制；对漠视陆海统筹生态系统保护与修复的官员要限制其晋升通道。最后，要加大对生态环境治理问题的执法力度。政府要充分发挥其监管职能，整合资源，调动人力、物力、财力，以突击检查和常规检查相结合的方式对企业进行全方位跟踪督查，对违规、非法排污的行为以及相关负责人严格惩处（唐斌，2017）。

具体来说，应该包括以下内容：第一，陆海统筹生态系统保护与修复评价的框架与价值标准。第二，陆海统筹生态系统保护与修复评价的指标体系。在遵循政府管理绩效评估指标体系设计基本原则的基础上，研究陆海统筹生态系统保护与修复绩效评估指标体系的基本维度、内容与信度效度检验。从陆海统筹生态系统保护与修复能力、效果、效率、保障等方面构建绩效评估指标体系（宋建军，2015）。第三，陆海统筹生态系统保护与修复评价的方法模型。准确科学地评估陆海统筹生态系统保护与修复的绩效水平，借助多指标、科学化的绩效评估手段，科学运用统计学、运筹学进行评估，实现评价方法与评估结果的科学性与合理性（刘磊，2014）。第四，陆海统筹生态系统保护与修复评价的实施机制。在实践评估中，应整合绩效评估体系的各要素，从评估标准、指标、方法和制度上综合考虑，分析体系的特征和评估的实施途径，从而制定切实可行的陆海统筹生态系统保护与修复绩效评估的实施机制，从价值层面、制度层面和技术层面共同推进保护与修复评估（姚瑞华等，2015）。

3.2 陆海统筹生态系统保护与修复机制构建

"机制"是指一个机体的构造及其内部相互关系。陆海统筹生态系统保护与修复机制是在其体系中的各个要素、环节共同构成的一个保护与修复流程的完整、相对稳定的系统结构。在该体系中保护与修复的主体责任、目标要求是什么，怎样确保保护与修复各要素的有机整合和优化，以达到保护与修复效益的最优绩效等，这一系列问题构成一个相对稳定并动态调整运行的保护与修复机制结构。因此，陆海统筹生态系统的保护与修复机制是以实现和维护政府生态保护职能，通过目标生成和制度安排而形成的政府生态保护各主体之间循环反复出现的生态保护过程和运行结构。具体来说，陆海统筹生态系统保护与修复机制，主要包括目标生成机制、责任履行机制、资源保障机制和绩效评价机制四个环节要素。

首先，地方政府在生态文明建设指导下提出陆海统筹生态系统保护与修复的总体目标和具体要求，生成陆海统筹生态系统保护与修复目标体系；其次，地方政府根据保护与修复目标要求，结合实际情况对陆海统筹生态系统保护与修复进行任务分解，落实责任，明确地方政府在保护与修复中的责任主体和执行方式，落实目标任务；再次，在地方政府履行保护与修复职能和责任过程中，需要相应的制度、经费、技术等方面的资源支持，以保证在陆海统筹生态系统保护与修复实践中的科学性和有效性；最后，对地方政府陆海统筹生态系统保护与修复的效果和效益进行总体评价，既修正保护与修复中的偏差，又对保护与修复责任履行进行评估，奖优惩劣，尤其是对政府生态保护与修复中的失职和失责行为进行问责、追责。上述四个环节共同构成完整的、相互联系和相互影响的循环系统，共同推进陆海统筹生态系统保护与修复机制的科学性、制度性和可持续性。具体如图 3.1 所示。

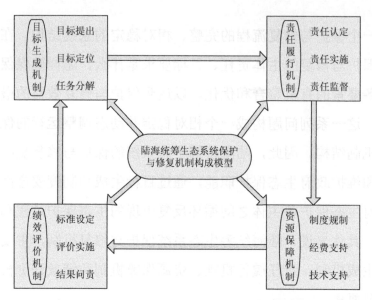

图 3.1　陆海统筹生态系统保护与修复机制构成模型

3.2.1　陆海统筹生态系统保护与修复的目标生成机制

在陆海统筹生态系统保护与修复体系中，要实现生态保护与修复的科学性和有效性，其基本前提就是要确定陆海统筹生态系统保护与修复的目标导向，明确生态保护与修复的出发点和目标要求，亦即为目标生成机制。一般来说，陆海统筹生态系统保护与修复目标生成机制包括目标提出缘由、目标定位与任务分解等。

其一，陆海统筹生态系统保护与修复的目标提出缘由。为什么要提出陆海统筹生态系统保护与修复及其保护与修复目标？主要缘由为以下方面：①生态资源和生态系统在人类可持续发展中具有重要作用。所有生命包括人类的生存与可持续发展，都依赖于生态资源和生态系统所提供的服务供给，包括人类生存所需的空气、水、食物，以及人类社会发展和进步所需要的其他自然资源产物。从某种程度上来说，实现国家的进步和人类可持续发展的能力取决于生态系统所提供的生态服务能力，因此，强化生态系统保护与修复能力对实现生态系统保护与修复是必需的。②生态文明建设战略的提出，使生态保护与修复成为当前政府工作的重要内容。生态文明建设是当前党和国家重要的战略部署，与经济建设、政治建设、文化建设、社会建设构成"五位一体"体系，意义重大。实现生态文明建设，其中最基本的要求就是政府要强化对生态环境的治理，将保护与修复纳入政府核心职能范畴。③当前陆海统筹生态系统面临着严重的挑战。由于工业化和城市化进程加快，陆海统筹生态系统资源消耗和生态破坏更加严重，生态系统所提供的服务和治理结构受到了资源过度利用的影响，如自然岸线的急剧缩短，海岸生态系统退化，重要渔业资源衰退，海岸防灾减灾能力降低等，都严重影响了生态系统的正常可持续发展。

其二，陆海统筹生态系统保护与修复的目标定位与任务分解。一般来说，陆海统筹生态系统保护与修复的目标定位主要是指生态保护与修复要达到的程度或状态。根据生态文明建设要求，陆海统筹生态系统保护与修复的目标应该包括以下方面：①陆海统筹生态系统生态环境的有效保护，使现有的生态不再被人为破坏；②陆海统筹生态系统生态资源的有效利用。合理开发利用陆海统筹生态系统生态资源，着力发展生态型经济；③陆海统筹生态系统生态破坏的有效治理。形成良好的生态系统保护与修复机制，实现对生态的有效治理。要实现上述生态保护与修复目标，其中最关键的就是要对陆海统筹生态系统保护与修复目标进行任务分解，把地方政府应该承担的生态保护与修复任务按照职能要求和责任范围进行细化和分担。根据我国政府生态治理职能和责任要求，可以从两个方面进行分解：①根据陆海统筹生态系统保护与修复的内容进行分解，按照生态保护与修复涉及的内容、对象的不同，并根据各个职能部门的具体职责分工确定具体目标落实的部门，如陆海统筹生态系统的水资源治理主要有水利部门、生态环境部门等；②根据陆海统筹生态系统保护与修复的属地进行分解，陆海统筹生态系统由于其区域的开放性，可能涉及多个地方政府主体，各个地方政府在陆海统筹生态系统保护与修复中负有相应责任，因此，在实现生态保护与修复目标过程中各地方政府的任务也各异。

3.2.2　陆海统筹生态系统保护与修复的责任履行机制

一旦陆海统筹生态系统保护与修复目标生成后，如何对目标进行全面、科学、系统的责任分工，并确保目标责任的有效履行是陆海统筹生态系统保护与修复的关键。一般来说，要切实履行陆海统筹生态系统保护与修复责任，主要包括责任认定、责任实施和责任监督三个环节。

其一，责任认定。陆海统筹生态系统保护与修复责任认定主要是指政府相关部门在落实和履行生态保护与修复目标过程中对其所承担责任的认可和接受。生态保护与修复职能作为当前政府一项重要职能任务，在生态保护与修复目标确定以后，各政府部门应该根据职能性质和分工对陆海统筹生态系统保护与修复的职能任务进行分解认领，从而达成一种生态保护与修复责任的认定。一般来说，陆海统筹生态系统保护与修复责任认定就是责任部门或责任人对于委托人的意愿的一种认可和接受，是陆海统筹生态系统保护与修复的前提和基础性环节，只有在对生态责任和生态职能的认可和接受的基础上，才可能对此采取相应行政行为。在责任认定环节中，委托人和责任人一般有某种形式的认定方式，如生态保护与修复委托责任书、生态保护和生态安全事故责任书等，也就是通过责任认定环节把生态保护与修复目标任务和生态保护与修复履行主体结合起来，确定陆海统筹生态系统保护与修复的主体和任务。

其二，责任实施。陆海统筹生态系统保护与修复的责任实施主要是指政府将其认定的生态保护与修复责任和生态保护与修复任务具体落实到政府行政行为的过程。责任实施是责任履行机制的关键环节，其将生态目标和生态责任落实到具体的行动上来。一般来说，陆海统筹生态系统保护与修复的责任实施包括以下方面：①设立生态保护与修复机构，根据生态保护与修复目标要求和职能任务，通常地方政府会成立相应的机构以履行和落实相关任务要求；②制定生态保护与修复规划，根据生态文明建设总体要求和陆海统筹生态系统的实际情况，制定陆海统筹生态系统保护与修复长期、中期和短期的规划和方案，并设定生态保护与修复目标、任务、标准；③制定生态保护与修复政策，在规划方案基础上，制定和出台陆海统筹生态系统保护与修复的具体政策，包括法律法规、治理方案与策略等；④严格生态保护与修复执行，明确陆海统筹生态系统保护与修复的责任人和责任单位，做到责任清晰、分工明确、归属具体，并确保生态保护与修复的具体落实和执行。

其三，责任监督。陆海统筹生态系统保护与修复的责任监督主要是指政府作为生态保护与修复责任人接受委托人和社会公众的检查、督导，以确保生态保护与修复目标和生态保护与修复任务的有效履行的监督过程。政府部门一旦认可或接受了陆海统筹生态系统保护与修复的责任和任务，就有义务接受人民代表大会、上级部门以及社会第三方机构等的监督，以保障政府在实施生态保护与修复职能过程中是按照目标要求、任务内容、既定政策等执行的，也只有经常性的监督检查、巡视和质询等，才能推动政府在陆海统筹生态系统保护与修复中的积极性和主动性，并且也能通过监督检查程序调整在生态保护与修复中的不当行为或行政伦理失范等。同时，陆海统筹生态系统保护与修复的责任监督机制能有效地把生态保护与修复的责任履行和生态保护与修复问责结合起来，有效推动政府生态保护与修复的科学性和有效性。

3.2.3 陆海统筹生态系统保护与修复的资源保障机制

政府在陆海统筹生态系统保护与修复中的职能或责任确定以后，如何在生态保护与修复履行过程中有效保障生态责任的"不为""不偏""不拖"，并且确保在生态保护与修复责任履行过程中高效、有序，这就需要一套科学、完整的保障机制为生态保护与修复提供支持保障。一般来说，政府的陆海统筹生态系统保护与修复责任保障机制建设是保证生态保护与修复履行的基本措施，既有制度规制，又有经费支持和技术支持等。

其一，制度规制。"无规矩不成方圆。"生态保护与修复需要制度的规制，如果说技术进步是生态保护与修复手段和方法的支撑，那么生态保护与修复制度创新则是维系生态保护与修复产生实效的重要推手。

没有制度的规制，陆海统筹生态系统保护与修复即使有良好的愿景目标，有很好的决策措施，也难以保障生态保护与修复的可持续性和有效性。要根据国家生态文明建设要求，结合陆海统筹生态系统特征，制定具有导向性的生态政策和制度规范，使环境保护和生态保护与修复在国家发展中具有相应地位，并且以制度形式对生态违法违规行为进行明确规制，从而谋求陆海统筹生态系统保护与修复事件的政策支持。

其二，经费支持。陆海统筹生态系统保护与修复是一项系统工程，要求在治理中满足经济建设的充分发展和生态保护的需求，因此，必然需要建立必要的财政支持机制，确保在生态保护与修复领域提供足够的、持久的财政支持，实现陆海统筹生态系统保护与修复的可持续性发展。

陆海统筹生态系统保护与修复经费支持机制主要包括以下方面：①财政预算经费，一般来说，陆海统筹生态系统作为一项关乎国计民生的工程必然要求由政府主导，政府凭借其独有的管理权限和管理优势，通过征税和财政支出等方式实现对陆海统筹生态系统保护与修复的经费支持，包括中央财政支持和地方政府财政支持；②生态项目经费，包括上级行政部门或国际组织针对陆海统筹生态系统保护与修复的相关项目的经费支持；③生态投融资的经费，构建政策性金融和商业性金融模式，为生态保护与修复提供外部性资金支持。

其三，技术支持。技术创新和进步是当前技术生态学重点关注的问题，其认为技术创新是生态保护和治理的重要途径，在技术创新过程中引入生态学理念，并综合考虑技术对生态的影响，既保证技术创新性和实用性，又能有效实现对生态的保护，实现人类社会和自然的可持续发展。陆海统筹生态系统保护与修复既有保护，又有治理，其中很大程度上是需要技术支持的。一方面在生态保护上，政府要着力推动产业技术升级，逐渐淘汰落后、污染严重的生产工艺技术，实现生产技术的生态化和环保化；另一方面，针对已经破坏的生态，政府要着力推进生态修复技术升级，实现对生态的科学化修复等。

3.2.4 陆海统筹生态系统保护与修复的绩效评价机制

陆海统筹生态系统保护与修复的绩效评价是指由专门组织或人员，对政府生态保护与修复职能和责任的履行情况进行监督检查和评价，并将检查和评价结果进行合理运用的系统过程。绩效评价是对陆海统筹生态系统保护与修复的目标生成、责任履行和资源保障等效果的全面总结和反思，对于治理效果良好进行奖励，而对于治理活动中失职、渎职的行为进行责任追究等。因此，绩效评价机制包括标准设定、评价实施和结果问责。

其一，标准设定。陆海统筹生态系统保护与修复绩效评价的目标就是在生态保护与修复目标完成后，检查"目标的完成情况"和"责任履行过程情况"。其标准主要是根据目标生成所设定的要求和任务进行制定，将目标要求转化为可量化的指标体系。陆海统筹生态系统保护与修复绩效评价可以理解为政府在对生态系统实施保护、修复和改善等的过程中所表现的结果、效能和效益，是政府生态保护与修复能力的体现。一般来说，政府在履行生态保护与修复责任过程中，生态保护与修复手段、过程会不可避免地影响社会经济活动的各个方面，并且在经济、管理、生态等维度上都有相应的表现，因而，在设计陆海统筹生态系统保护与修复政府责任评价指标时，应构建以经济、管理和生态为维度的指标遴选体系。

其二，评价实施。主要是探讨通过什么样的方式方法来实现对陆海统筹生态系统保护与修复绩效评价的科学性。陆海统筹生态系统保护与修复的绩效评价是根据评价目标与标准，运用民意测验、专家分析、检查评比等方式方法对生态保护与修复工作进行广泛性的评议、鉴定活动。此类评价既有定性分析评价，又有定量分析评价，普遍来说，陆海统筹生态系统保护与修复绩效评价主要涉及的内容包括经济、管理、生态三个维度，因此，在考核评价中可以运用层次分析法建立指标体系的层次结构，以经济绩效、管理绩效和生态绩效为标准对生态保护与修复绩效进行定量与定性评价。

其三，结果问责。结果问责是陆海统筹生态系统保护与修复的落脚点和关键，对于不能履行和不认真履行生态保护与修复责任的部门和个人进行追责。监督检查或评价机构应根据陆海统筹生态系统保护与修复的履职情况和评价结果，对"追谁的责""追什么样的责""追多大的责"等问题进行明确。通过对政府生态治理履行中的失职行为进行责任追究，进一步明确和健全政府生态治理责任体系，推进政府更好地履行生态保护与修复责任（柴茂，2016）。

第 4 章

推进广州市陆海统筹生态系统保护 与修复机制建设的对策建议

广州市陆海统筹生态系统保护与修复工作，取得了一定成绩，如在湿地保护方面，2017 年颁布了《广州市湿地保护规定》，将湿地分为重要湿地和一般湿地进行保护，但是在实践过程中仍存在一些问题，影响了陆海统筹生态系统保护与修复职能的履行和实施。

陆海统筹生态系统是一个比较崭新的概念，在《广东省环境保护"十三五"规划》《广东省沿海经济带综合发展规划（2017—2030 年）》《广东省海岸带综合保护与利用总体规划》等规划中，均提到了陆海统筹或与其相关的内容，但目前还仅局限于初期阶段，未制定明确的陆海统筹生态系统保护与修复的目标、未有针对性的实施方案等。

从管理层面看，长期以来我国环境保护管理工作存在"陆上环保不下海，海上环保不上陆"的海陆环境保护管理分离状态（王倩，2014）。沿海地区环境管理存在海陆割裂、条块交错的混乱现象，无论是陆域环境管理部门还是海域环境管理部门，其管辖区域没有完全覆盖陆海污染的调控范围，甚至出现管理的盲点，因此，导致陆海各项保护机制间缺乏有效衔接。

制度规制是陆海统筹生态系统保护与修复机制构建的关键内容，也是陆海统筹生态系统保护与修复机制建设的基本保障。然而广州市陆海统筹生态系统保护与修复的制度体系尚未健全，一些法律制度、政策规划等未达到生态文明建设的要求，在一定程度上制约了陆海统筹生态系统保护与修复的功能实现。

政府作为陆海统筹生态系统保护与修复的责任主体，应时刻将生态系统的保护与修复摆在首位，在促进经济发展的同时一定要做好环境保护。近些年，政府陆续制定了陆海统筹生态系统保护与修复的相关政策，为生态环境保护提供了强有力的支持，在很多规划中也将陆海统筹工作放在了重要位置，但是，一直未有明确的目标和针对性的实施方案等。

综上，为推进陆海统筹生态系统保护与修复的科学化、制度化和有效性，提出推进广州市陆海统筹生态系统保护与修复机制建设的对策建议。

4.1 机制建设的价值理念与目标导向

理念是行动的先导。广州市陆海统筹生态系统保护与修复机制建设首先应该明确总体要求、创新理念。在国家提出生态文明建设战略和建设责任政府大背景下，政府需转变观念，树立政府生态文明建设理念，积极倡导绿色发展，强化政府生态管理职能，加强推进生态经济建设（郑小叶，2009）。

4.1.1　以生态文明建设为指导突出政府生态保护与修复职能

生态文明建设是国家的战略要求，关乎人民福祉和社会可持续发展长远大计（徐洋，2015）。党的十七大报告首次将生态文明作为重要内容提出，党的十八大报告又将生态文明建设纳入现代化建设"五位一体"总体布局，中共十八届三中全会把加快生态文明制度建设作为全面深化改革的重要内容，党的十九大报告指出，加快生态文明体制改革，建设美丽中国。这标志着我国生态文明建设进入了新的历史阶段，备受重视，明确应以生态文明建设为指导，培育政府生态理念，转变政府职能，强化生态保护与修复能力和水平。

以生态文明建设为指导，提升政府生态文明建设理念。政府在行政过程中应坚持生态文明建设和生态文明水平的中心任务，树立生态价值理念。具体包括以下方面内容：①"生态资源有价"理念。②"生态资源有限"理念。生态资源是一种不可逆转的资源，是有限的，而不是取之不尽、用之不竭的。对生态资源的无偿占有和无限掠夺这种以生态为代价的粗放式发展模式是不可取的。

重构政府职能总体框架，强化政府生态保护与修复职能。简单来说，政府职能就是指政府在国家和社会管理中所承担的职责和功能（李仕礁，2015）。但政府职能并不是一成不变的，而是与社会发展要求保持着动态平衡并进行动态调整的。在生态文明建设备受关注的时代，政府生态职能已经成为与政府政治职能、经济职能、社会职能、文化职能相并列的职能之一（颜添增，2010）。然而，实践中政府生态职能转变不够，设置分散。如广州市涉及生态保护与修复、环境保护职能的部门目前有生态环境局、农业农村局、林业和园林局、规划和自然资源局、发改委、水务局等，各职能部门在生态保护与修复中分工不明，职能不清，尤其是非生态环境部门在行政过程中，更容易将生态保护职能忽视，因此，地方政府在推进深化行政体制改革和转变政府职能过程中要以重构陆海统筹生态系统政府职能为总体框架，强化地方政府生态保护与修复职能。首先，要在现有生态保护与修复体制上，调整和整合政府生态职能，将生态环境、水利、资源等行政部门的生态职能进行优化调整，形成统一的生态保护与修复职能，理顺机构设置、权限划分和人员编制。其次，要在结合中央、省等上级部门生态保护与修复职能的前提下，强化地方政府，建立地方政府生态保护与修复职能体系。再次，明确地方生态环境部门与其他职能部门在生态保护与修复中的角色，提高生态保护与修复和环境保护在政府行政行为中的地位。最后，要重点突出生态监测、环境保护、污染治理等方面的生态职能，形成部门职能的协同联动。

重构政府职能实现方式，提升政府生态保护与修复能力。政府履行职能方式决定了政府在生态保护与修复中的能力水平。

地方政府要在国家生态保护与修复大背景下，制定生态保护与修复规划，完善相关制度法规，积极推动生态职能。主要做好以下方面：①建章立制，依法依规行使权力。完善制度建设是生态职能履行的关键内容。完善管理和保护制度，探索建设项目占用水域和水利工程设施补偿制度，推进入海水质排污总量控制制度等，以制度形式明确政府生态职能和责任，使政府在生态管理过程中依法依规，不"错位、越位"，不"缺位、失位"（陆畅，2012）。②协同联动，切实落实生态职能。强化地方政府间和部门间的协同联动，政府和职能部门要围绕生态保护与修复职能，形成合力，避免重复执法，减少地区和部门的利益冲突，制定陆海统筹生态系统环境保护的总体规划、制定生态保护与修复计划和实施措施，形成地方政府职能明确、分工协作的"大环保"格局。③重点整治，抓生态中关键工作。政府要维护生态保护职能，抓住生态保护与修复中关键工作，坚决淘汰高污染、高能耗的产业，控制沿海化工等重污染企业规模，利用节能减排、排污收费等环保倒逼机制，强化生态保护与修复能力。

4.1.2　以责任政府构建为导向明确政府生态保护与修复责任

　　政府责任，是政府组织及其公职人员履行其在社会管理的职能和义务。责任政府则是一种制度安排，是现代民主政治条件下的全新政府模式，是为了保证政府责任实现的责任控制机制，实现权力行政向责任行政的转化。从本质上来说，政府责任主要源于其在政府体系中的职能要求，职能履行的过程就是政府责任实现的过程。生态保护与修复是政府重要职能，也是政府重要责任。政府要以责任政府构建为导向，强化政府生态职能和生态责任（陆畅，2012）。

培育政府生态责任意识，把政府作为生态保护与修复的第一责任主体。首先，生态文明建设和生态保护与修复需要政府有力引导。政府在行政过程中注重以适当方式宣传和引导生态意识，提升政府部门及其工作人员的生态认同，强化生态责任意识，增强人们在生态保护中的自觉与自律，真正让生态保护理念成为人们普遍遵守的价值认同。其次，生态文明建设和生态保护与修复需要政府制度规范。我国生态保护与修复中的"政府失控"，根本原因是制度上的缺失，缺乏有力制约政府生态保护与修复不作为或不当作为的制度安排，或者是制度的执行不力。政府要切实在国家生态文明制度建设指导下，结合区域特征制定促进生态保护的政策、法律、法规等，强化政府和社会的生态文化认同。最后，生态文明建设和生态保护与修复需要政府率先垂范。生态文明建设的提倡者应当而且必须是生态文明建设的示范者。政府及其工作人员作为掌握着公共权力和公共资源的主体，应肩负起生态文明建设和生态保护与修复的第一责任，在倡导的生态文明建设中，以身作则，严格遵守生态保护的法律法规、道德伦理要求，起模范带头作用，这样才能鼓励和动员全社会的积极参与（徐志群，2015）。

明确政府生态责任任务，主抓生态保护与修复的关键工作和重点工程。政府要围绕生态保护与修复职能，重点推进生态的关键项目责任和重点工程。①要强化政府治水责任。政府根据治水要求，制定沿海水生态红线规划，规划范围内严禁建设、严禁开发。扎实推进综合治理、生态保护与修复。②要严格控污责任。政府要严格控制污染物入海，坚决不上不符合环境质量要求、不符合节能减排要求的项目，守护好沿海地区的绿水青山。

强化政府生态责任监督，推动生态保护与修复水平的切实提高。以往所发生的环境污染和生态破坏的一个重要原因就是缺乏有效的责任监督。有效的监督是确保政府生态保护与修复责任落实的根本举措。首先，强化生态监管部门的职责，发挥监管作用。要建立长效机制，加大监管力度，加强各级政府与部门执行生态、环境和资源保护的监督检查，要严格执行环境保护审批制度，各部门要坚持"谁审批、谁签字、谁负责"的原则，严格对生态环境负责。其次，建立生态保护与修复的多元主体参与制度，提高监管透明度。在生态保护与修复过程中，积极探索多元主体参与机制，引导社会公众、媒体、第三方机构等参与到政府生态保护与修复的监督中来，包括完善环境保护听证制度、环境信息公开制度，保证社会公众对政府生态保护与修复责任执行的知情权和参与权，增强生态环境管理的公开度和透明度。最后，加强对政府生态执法的监督，确保执法公平、有效。对于生态破坏行为，要严格依照法律法规进行严管严惩，对不履行生态保护责任的企业进行坚决制裁，甚至将违法企业列入黑名单向社会公布。

4.1.3　以坚持绿色发展为路径重构政府政绩评价标准

绿色发展的实质就是强调资源节约和环境保护，走生态发展之路。"十四五"期间推动绿色发展是进入新发展时代、贯彻新发展理念、构建新发展格局的重要任务。

政府要坚持绿色发展的基本理念和方式。政府要结合国家

"十四五"规划，将绿色发展纳入政府行政理念，积极进行生态保护，转变发展方式，推进产业绿色可持续发展。①要重视绿色发展，宣传绿色发展理念。围绕绿色发展理念在政府层面、企业层面和社会层面强化宣传，实现政府绿色执政、企业绿色生产、民众绿色消费的绿色发展目标。②要构建绿色发展的政策环境。政府要利用政策杠杆，制定绿色发展的税收、信贷、用地等优惠补贴政策，扶持绿色产业，推动产业绿色转型，对于绿色产业、企业加大投资力度，建议以政府主导绿色投资、融资平台，建立绿色产业研发、生产、销售一体化模式和产业集群。③要重视绿色科技发展，培养绿色科技人才。以高等院校、科研院所、职业学校为依托，建立和完善高等教育、职业教育和成人教育体系，形成绿色发展的科技力量和人才力量，并积极向海内外引进高层次复合型人才，为产业绿色转型和绿色发展提供人才和智力支持。

政府要以绿色发展为标准建立科学的政绩考核机制。政府以绿色发展为指导，确立生态优先发展根本价值取向。一方面，要调整政府考核标准，将生态建设、资源消耗、环境保护等纳入考核内容，使政府由片面强调经济发展转变为经济、生态、社会协调发展，在政府绩效考核中，将生态文明建设作为重要的内容，把生态文明建设和绿色发展理念的目标要求转化为可量化考核的征集评价标准（陆畅，2012）。另一方面，要重视政府干部任用考核中的生态责任考核，政府干部在决策过程中不重视生态保护，甚至在其任期内造成严重的生态事件，违背了绿色发展理念，在考核中要有明确的责任要求，甚至可以实行一票否决，以科学的业绩评价来帮助政府干部树立符合生态文明的政绩观。

政府贯彻实施绿色 GDP 核算制度。我国传统的经济核算主要是单纯 GDP 指标，据相关数据显示，我国 GDP 中有 18%是依靠资源消耗和生态破坏"透支"获取的（于秀丽，2012）。因而，目前国际上倡导绿色 GDP 核算。绿色 GDP 又称生态 GDP，是指在以衡量各国扣除生态破坏和环境污染损失后新创造的国民财富的总量核算指标。简单地说，就是从现行统计的 GDP 中，扣除由资源浪费、环境污染、人口失控等因素引起的经济损失成本，从而计算的国民财富总量。目前世界各国都非常重视绿色 GDP，并作为一种统计方式。实行绿色 GDP 核算的目的并不是改变核算惯例，而是针对经济行为本身，督促我们要以绿色 GDP 为指导，树立可持续发展观，达到人与自然的和谐相处。政府可积极根据生态建设需要，将反映生态文明建设时代需求的、可持续发展的国民经济核算体制，建立绿色 GDP 核算制度，将生态环境、能源消耗、资源浪费等纳入核算指标内容（陆畅，2012），突出地方政府的生态责任，科学评价地方发展状况。

4.2　优化政府保护与修复的实施推进机制

生态文明建设战略实施和生态保护与修复的落实需要构建推进机制。广州市陆海统筹生态系统包括水环境系统和生态环境系统，其生态环境治理中存在着诸多问题，如政府缺位、企业的破坏或公众保护意识缺乏等。因此，在构建陆海统筹生态系统保护与修复机制中必然要进一步构建和完善生态保护与修复政府责任主体，明确生态保护与修复政府责任分工，强化生态保护与修复政府责任履行，加强生态保护与修复政府责任监督等，通过构建一系列推进机制实现优化生态保护与修复的目标。

4.2.1　明确政府保护与修复的责任主体

生态文明建设是一项政府职能，不能完全依靠市场途径实现，政府作为生态治理的职能主体，应担负起生态文明建设的主体责任。同时，我国现有的法律法规体系也明确了政府是环境保护和生态治理的责任主体，如《中华人民共和国环境防治法》《中华人民共和国水法》等。作为经济社会发展的主导和核心，政府部门已经成为公认的生态文明建设和治理的核心力量与核心主体，在生态保护与修复过程中承担着重要责任。具体来说，政府责任主体主要包括三个方面。

①宏观层面需要党委部门的有力领导。陆海统筹生态系统保护与修复是我国生态文明建设中的一项重要任务，涉及面广、难度大，只有坚持党委部门的有力领导，才能确保保护与修复取得成功。需要从区域长远发展的大局出发，深远谋划、布局，把生态保护问题作为党领导社会主义和谐社会和社会主义现代化建设的一项重要政治任务，切实加强对陆海统筹生态系统保护与修复工作的有力领导，确保陆海统筹生态系统保护与修复能够按照国家生态文明建设的总路子有效、稳步推进。

②中观层面需要政府部门的执行措施。政府要将陆海统筹生态系统保护与修复和实现可持续发展列入政府决策重点，列为政府官员职责和考核的内容。政府要用更多的人力、物力和财力维护好生态，推进可持续发展。

③微观层面需要公务人员的积极落实。政策和制度的生命在于执行，政府公务人员作为陆海统筹生态系统保护与修复责任的具体落实者，必须以高度的责任感和使命感，不折不扣地落实党委部门的统一部署，以及政府部门的具体要求。一方面，制定公务人员执行生态政策的要求与规定，以制度的形式确定公务人员在陆海统筹生态系统保护与修复中的具体任务、执行程序、责任规制等；另一方面，强调公务人员积极履行生态职能和生态管理责任，要深入生态系统进行生态治理和生态监督。

4.2.2 规范政府保护与修复的任务要求

陆海统筹生态系统保护与修复是个长期的工作，只有坚持政府主导与责任分担的原则，通过分工合作，协同治理才是长久之道。陆海统筹生态系统保护与修复的任务包括在实施生态保护与修复过程中的任务形式和内容，包括政府对生态保护与修复的财政支持、制度安排、监督管理等任务要求和具体措施。

完善陆海统筹生态系统保护与修复的制度建设与制度安排。政府是公共事业管理的主体，集中体现在政府作为公共事务管理规则制定和制度完善的主体，主要是一种制度责任。一般来说，政府制度责任就是政府在生态保护与修复过程中的一种制度供给的行为与责任。陆海统筹生态系统生态环境破坏的根本原因是制度的缺陷，制度的不完善或制度偏差导致在生态系统开发利用过程中出现了一些破坏生态的行为，但又得不到制度的规制。政府在其实施生态保护与修复职能过程中，首先，要从制度的制定上对生态治理的相关问题进行规制。其次，政府要积极根据市场经济要求，制定在生态保护与修复中的成本与效益的激励与约束机制，使相关企业、公众参与环境保护和生态治理。最后，要严格制度约束的权威性和严肃性，对于违反生态保护的责任主体严格按照制度进行追究。

加强陆海统筹生态系统保护与修复的财政责任与经费支持。地方政府在公共事业管理中的另一个中心工作就是进行资源的优化配置，其中最为主要的就是财政投入的优化配置。陆海统筹生态系统保护与修复问题是一个涉及多方面的系统工作，要实现陆海统筹生态系统保护与修复的科学性和有效性，必然要加大政府对生态保护与修复的财政支持力度，以保证生态保护与修复的基础建设、基本运营等。首先，是明确政府在陆海统筹生态系统保护与修复中的财政责任，包括建立陆海统筹生态系统保护与修复的财政投入机制，以及投融资措施等，为陆海统筹生态系统保护与修复提供经费保障；其次，政府要强化对陆海统筹生态系统保护与修复经费的监管和考核，资金的投入必然要求有一定的绩效和对生态治理起到正向作用，政府要加大考核和监督，确保资金利用的合法性和有效性；最后，政府要设立陆海统筹生态系统保护与修复的专项经费。

强化陆海统筹生态系统保护与修复的组织实施与监管责任。所谓监管责任，是指政府在陆海统筹生态系统保护与修复过程中所担负的执行、管理、监控的责任要求。陆海统筹生态系统保护与修复的科学性、有效性的实施，必然要求有政府的组织执行和监控调整，只有在生态保护与修复实施过程中，政府的全程参与和执行生态保护与修复的相关制度，并把政府生态保护与修复决策、任务落实到实际工作之中，才能实现陆海统筹生态系统保护与修复的预期目标。首先，政府要成立专门的生态保护与修复机构，履行生态保护与修复监控职能；其次，要明确政府在生态保护与修复中的监管责任和具体任务要求，确保监管的及时性和有效性；最后，构建陆海统筹生态系统生态监管的制度体系，规范政府生态保护与修复监管行为等。

健全陆海统筹生态系统保护与修复的参与机制和辅助支持。生态保护与修复的高效率和高质量，需要政府、企业、社会组织和个人的共同参与。因此，政府要积极引导社会多元主体参与到陆海统筹生态系统保护与修复实践中来，构建以政府为主导，企业、社会组织和个人共同参与的生态保护与修复体系，提高陆海统筹生态系统保护与修复决策的科学性和实现生态保护与修复实践的有效性。

4.2.3　强化政府保护与修复的职能履行

广州市陆海统筹生态系统保护与修复工作任重道远，因此必须通过加强政府生态责任宣传教育、完善生态补偿机制和强化生态职能和生态责任评价等方式，强化陆海统筹生态系统保护与修复的职能履行，切实强化政府生态职能，从而确保陆海统筹生态系统保护与修复工作的有效开展。

加强陆海统筹生态系统保护与修复的宣传教育职能。生态保护与修复是生态文明建设的核心内容，要实现生态保护与修复职能的切实履行，首要任务就是要强化生态意识宣传，增强生态保护的价值认同，让政府部门和政府工作人员切实地把陆海统筹生态系统保护与修复作为工作的重要职能，并且使社会形成一种广泛的生态保护自觉行动。首先，要明确宣传的重点和宣传内容，政府要将生态保护与修复中的相关政策向社会广泛宣传，让社会公众树立生态价值观念；其次，创新宣传途径，目前通信技术非常发达，在宣传中可以积极运用新的技术手段和方式对生态保护与修复进行宣传，如门户网站、微信等新媒体；最后，保持政府与公众的沟通机制畅通，形成政府与社会公众在陆海统筹生态系统保护与修复工作中的互动，如建立陆海统筹生态系统保护与修复信访机制，完善生态保护的投诉渠道等。

合理界定政府在生态保护与修复中的职能。在实施陆海统筹生态系统保护与修复过程中，要合理界定各级政府的职能。一方面，市政府要从宏观层面强化生态文明建设和陆海统筹生态系统保护与修复的职能任务，并给各个区政府充分的行政空间；另一方面，地方政府要积极作为，根据陆海统筹生态系统的实际情况制定陆海统筹生态系统保护与修复的职能分工。

构建陆海统筹生态系统保护与修复的生态补偿机制。生态补偿理论实践是当前研究的一个热点问题，受到普遍关注。生态补偿机制主要是通过一定的政策手段实现对生态保护和修复的外部性的内部化，让生态保护成果的受益者向受损者支付相应的费用，实现生态保护的合理回报和支出，以激励利益相关者积极投身生态保护和治理。

4.2.4　严格政府保护与修复的执行监督

按照政府决策职能、执行职能和监督职能的"三职分定"的内涵与要求，政府在决策或政策制定后，在实施推进的过程中必然需要对决策强化执行和实时监控与监督。一般来说，执行监督是指执行者依法沿着决策目标要求集中力量所采取的调节、控制、改进等措施，是政策执行达到预期效果的一种行政方式。要落实生态文明建设和生态保护，推进陆海统筹生态系统保护与修复政策和目标的实现，最为重要的途径就是对生态保护与修复过程进行实时监督与改进，包括加强党内监督、加强人大监督、加强民主监督、加强行政监督、加强司法监督等。

4.3　构建政府保护与修复的府际协同机制

建立和完善政府保护与修复的府际协同机制是生态保护与修复发展的客观趋势。

在传统行政管理体制影响下，广州市陆海统筹生态系统保护与修复存在条块分割、相互封闭等问题，政府之间缺乏一定的沟通与协调，影响区域间合作与交流。要进行有效的生态保护与修复，首先要实现区域生态保护与修复中的府际合作，构建一套科学合理的府际协同机制，才能打破条块分割和相互封闭的局限，开创互信共赢的新局面。

4.3.1　构建保护与修复府际沟通协调机制

陆海统筹生态系统保护与修复职能的分散，导致了权力和资源的纷繁，难以形成统一协同的保护与修复合力。建立权威的府际合作协调机构，能够客观公正地组织召开陆海统筹生态系统保护与修复协调会议，能够有效地实现区域之间良好的沟通和纠纷的解决。

4.3.2　构建保护与修复府际利益整合机制

在陆海统筹生态系统保护与修复过程中，各地方政府是独立的利益主体，一切生态保护与修复行动都以各自利益最大化为目标。因此，府际间应构建科学的利益整合机制，避免"合作博弈"失败，以此来推进府际合作进程和陆海统筹生态系统保护与修复的可持续发展。

4.3.3　构建保护与修复府际信息共享机制

信息共享与信息交流是府际合作的基础，是陆海统筹生态系统保护与修复的重要内容。因此，必须建立陆海统筹生态系统保护与修复府际协同信息共享机制，促进信息共享，便于信息的公共获取。

搭建信息共享平台。搭建信息共享平台是陆海统筹生态系统府际沟通协调的基础。可优先考虑在电子政务平台的基础上建立府际合作共享数据库，该数据库里保存完整的陆海统筹生态系统保护与修复所需的各项信息。

保持信息交流渠道畅通。为了保证陆海统筹生态系统保护与修复信息获取的及时性、快速性和准确性，应拓宽信息交流渠道，使广大人民群众能够方便快捷地获取生态治理各项信息资源。

4.3.4　构建保护与修复府际法律约束机制

从宏观上加强国家生态治理法律制度建设。调研发现，目前我国尚未建立与生态治理有关的法律法规，而府际合作已是大势所趋，因此，必须通过相关的立法加强国家生态治理法律制度建设，用法律和制度的形式规范府际合作主体的行为，明确府际合作的内容、范围，规定合作各方的权利和责任，使府际合作有法可依，保证府际合作各项政策得到全面落实，保证各项环保政策的执行效力。

从微观上加强区域生态治理法律制度建设。在建设法律制度时，应用法律的形式固定地方政府是府际合作生态治理的责任主体，同时明确规定地方政府对所辖区域的环境保护和生态治理应负有的责任，对政府违法行为必须依法追究其法律责任，以此来规范政府的生态治理行为，提高生态治理的效率。此外，还要不断完善府际合作生态治理法律。

4.4　健全保护与修复的支持保障机制

陆海统筹生态系统保护与修复机制建设是一项系统工程，要确保陆海统筹生态系统保护与修复机制构建的科学性和有效性，必然需要构建一套科学的支持保障体系。

4.4.1　完善保护与修复的政策法规体系

制度建设是政府行政的基本依据，可以规范政府行为，提升政府行政效能，同样也可以通过规划出明确的政府生态保护与修复责任，来倒逼政府承担生态责任（柴茂，2016）。因此，对于政府来说，健全政策法规体系是陆海统筹生态系统保护与修复机制建设科学、有效实现的基本前提和保障。

4.4.2　加大保护与修复的财政支持

陆海统筹生态系统保护与修复是需要政府不断进行财政投入才能实现其生态环境保护和持续发展的正常运行的经济活动。然而由于生态系统保护与修复所需投入经费巨大，并且很难在短期内见到成效，导致地方政府在生态系统保护与修复中的经费投入往往是较少的，这严重制约了政府生态系统保护与修复职能的正常履行。因此，要实现生态文明建设和生态系统保护与修复的科学性和有效性，加大陆海统筹生态系统保护与修复的经费投入就是十分重要的。

4.4.3　提升保护与修复的人才技术水平

在陆海统筹生态系统保护与修复过程中，保护与修复技术的提升、专业人员的培训等是重要因素。要实现对生态系统保护与修复的科学性、有效性，就必须进行技术升级和人员专业化等。

4.4.4　推动保护与修复的社会参与机制

加强陆海统筹生态系统保护与修复，确保环境污染和生态破坏得到有效治理，落实政府生态主体责任制，仅仅依靠政府生态环境等部门的力量是远远不够的，需要全社会共同参与和监督。

4.5　创新保护与修复的绩效评价机制

考评机制作为评价地方政府管理绩效的创新工具，对于衡量政府工作科学性、促进政府工作效率提升、增强政府责任意识，都发挥着重要作用，采取科学合理的考评机制将有利于提升政府开展公共事业管理工作的科学性、合理性和合法性（柴茂，2016）。

陆海统筹生态系统保护与修复的核心责任主体是地方政府，政府对保护与修复方法是否正确、投入是否得当、措施是否得力、效果是否突显，必须进行全面考评，以确保生态保护与修复能够有效、稳步推进。建立和完善陆海统筹生态系统保护与修复绩效评价机制，将政府生态保护与修复指标加入到对应职能部门及工作人员的考核中，这对于生态保护与修复工作具有重要的促进作用。

4.5.1　完善保护与修复多元评价主体

目前，我国政府在履职过程中出现了一些错位、缺位甚至越位的现象，没有科学公开的政府评价体系是重要原因（柴茂，

2016）。评估主体直接或间接地决定了评价的原则、价值取向、方法、体制、指标体系、结果的利用等。生态保护与修复涉及政府、企业、公众和新闻媒体等多个主体，为了使评价结果更加科学、合理、有效，必须构建一个由政府、企业、媒体、公众等主体都共同参与的多元评价体系。编者认为广州市陆海统筹生态系统保护与修复评价主体应该包括政府部门、企业单位、社会公众、第三方专业机构和新闻媒体。

4.5.2　科学遴选保护与修复评价指标

指标体系的构建和评估指标的选取是绩效评估的关键要素，建立陆海统筹生态系统保护与修复的绩效评估体系，涉及如何选指标、选哪些指标等问题，这些问题得不到解决就无法开展绩效评估。在指标遴选的过程中必须坚持全面性与代表性相结合，系统性与层次性相结合，定性指标与定量指标相结合，独立性与关联性相结合，稳定性与灵活性相结合（柴茂，2016）。

4.5.3　合理优化保护与修复评价方法

评价方法是评价体系的重要内容，选取合适的评价方法有利于促进评价工作的有序、科学开展。目前的评价方法很多，且优劣各不相同，对于陆海统筹生态系统保护与修复的评价，必须要选取一个科学、便捷、评价结果客观正确的评价方法。同时，陆海统筹生态系统保护与修复工作是一个动态的过程，从始至终不能总用一套固定的方法对其进行评价和考核，必须根据保护与修复工作的不断推进，合理优化评价方法。

4.5.4　正确运用保护与修复评价结果

正确看待和运用考核结果，绩效评价才有意义。评价结果是对评价对象现实情况的真实反映，无论针对政府在陆海统筹生态系统保护与修复中的评价结果是好或是坏，都要正视评价结果，认真分析，发现不足之处并及时改正，总结正确的做法和经验，确保保护与修复工作更加有效。正确运用考核评价的结果，力求奖罚分明，促使政府的职能部门和工作人员都有压力、有动力、有责任、有认可，才能达到政府在生态保护与修复评价的目标。

4.6　完善政府保护与修复的责任追究机制

强化政府生态责任，实行政府生态问责制是生态文明建设和责任政府建设的内在要求。2015 年 8 月《党政领导干部生态环境损害责任追究办法》正式施行，对领导干部生态责任追究做了具体规定。政府在进行生态保护与修复责任追究机制建设中，既要做好责任落实评价，也要求对责任落实中的失职行为或损害生态利益的行为进行责任追究。因此，构建陆海统筹生态系统保护与修复责任追究机制是完善政府生态保护与修复职能的重要保障。

4.6.1 保护与修复责任追究实施原则依据

科学原则源于实践并指导实践。地方政府在生态保护与修复责任追究机制建设中，实施追责、问责必须要有科学的原则和依据作为指导，才能提升责任追究的有效性和科学性。

4.6.2 严格政府保护与修复责任追究认定机制

要实现陆海统筹生态系统保护与修复责任追究，首先要对政府生态责任事实进行认定，明确政府生态责任主客体要素，政府生态责任的范畴，对生态责任失范行为及由此造成的生态破坏等进行归责认定。责任认定是实现责任追究的前提和基础。因此，需要进一步严格生态责任认定工作。

4.6.3 强化政府保护与修复责任追究问责机制

政府生态问责制是生态文明建设的重要内容和关键环节，备受关注。一般来说，责任追究主要通过政府问责来实现，问责的目的就是对政府行政失范行为进行责任追究，以减少生态保护与修复中的政府行为失范和责任缺失，督促政府部门及其工作人员在生态行政过程中将生态职能和生态责任放在重要位置并积极落实。

4.6.4 完善政府保护与修复责任追究救济机制

救济机制是政府责任追究的重要内容，一个完整的政府责任追究机制应该包括事后的救济机制。我国法律制度中也规定了政府或工作人员因行为原因被追究行政责任后，可以通过申诉、纠正、免责等途径进行权利救济。因此，政府在完善责任追究制过程中，应该重视和合理运用救济制度，促进政府生态责任更加科学，更具有效性。

参 考 文 献

鲍捷，吴殿廷，蔡安宁，等，2011. 基于地理学视角的"十二五"期间我国海陆统筹方略[J]. 中国软科学，（5）：6-16.

蔡自力，2005. 可持续发展与财税政策研究[D]. 青岛：中国海洋大学.

曹可，2012. 陆海统筹思想的演进及其内涵探讨[J]. 国土与自然资源研究，（5）：50-51.

柴茂，2016. 洞庭湖区生态的政府治理机制建设研究[D]. 湘潭：湘潭大学.

常弘，廖宝文，粟娟，等，2012. 广州南沙红树林湿地鸟类群落多样性（2005～2010）[J]. 应用与环境生物学报，18（1）：30-34.

陈彬，俞炜炜，陈光程，等，2019. 滨海湿地生态修复若干问题探讨[J]. 应用海洋学学报，38（4）：464-473.

陈金月，2017. 基于 GIS 和 RS 的近 40 年珠江三角洲海岸线变迁及驱动因素研究[D]. 成都：四川师范大学.

陈易，徐小黎，袁雯，等，2015. 陆海统筹规划的新问题、新视角、新方法−基于综合空间规划理念[J]. 国土资源情报，（3）：7-13.

党二莎，唐俊逸，周连宁，等，2019. 珠江口近岸海域水质状况评价及富营养化分析[J]. 大连海洋大学学报，34（4）：580-587.

管岑，2011. 海岸带生态系统管理法律研究[D]. 青岛：中国海洋大学.

韩增林，夏康，郭建科，等，2017. 基于 Global-Malmquist-Luenberger 指数的沿海地带陆海统筹发展水平测度及区域差异分析[J]. 自然资源学报，32（8）：1271-1285.

胡恒，黄潘阳，张蒙蒙，2020. 基于陆海统筹的海岸带"三生空间"分区体系研究[J]. 海洋开发与管理，37（5）：14-18.

黄云峰，2008. 广州海域营养盐限制的富营养化特征研究[D]. 青岛：中国海洋大学.

李军，张梅玲，2012. 海陆资源协调开发的国内比较与启示[J]. 山东社会科学，（5）：139-143.

李玫，陈桂珠，彭友贵，2009. 广州南沙湿地生物多样性现状及其保护[J].
  防护林科技，（3）：46-48.

李仕礁，2015. 地方政府加强生态文明建设的问题及对策研究[D]. 哈尔滨：
  哈尔滨商业大学.

李文荣，郝瑞彬，2011. 基于海陆互动的冀东经济区发展路径研究[J]. 改革
  与战略，（4）：110-113.

李义虎，2007. 从海陆二分到陆海统筹——对中国海陆关系的再审视[J]. 现
  代国际关系，（8）：1-7.

凌玉梅，2005. 浅谈湿地生态系统的建设与保护[J]. 北京水利，（3）：49-51.

刘静，刘录三，郑丙辉，2017. 入海河口区水环境管理问题与对策[J]. 环境
  科学研究，30（5）：645-653.

刘磊，2014. 我国生态补偿政策研究现状评述[J]. 农村经济与科技，25（9）：
  19-23.

刘明，2009. 社会发展的陆海统筹战略研究[J]. 观察思考，（8）：9-12.

刘明，2014. 陆海统筹与中国特色海洋强国之路[D]. 北京：中共中央党校.

刘秋红，2005. 广州市红树林资源现状及其保护利用对策[J]. 福建林业科
  技，（2）：125-136.

刘伟，2009. 海岛旅游环境承载力及开发研究——以辽宁长山群岛为例[D].
  大连：辽宁师范大学.

刘雪斌，2014. 舟山群岛新区陆海统筹发展研究[D]. 舟山：浙江海洋学院.

陆畅，2012. 我国生态文明建设中的政府职能与责任研究[D]. 吉林：东北
  师范大学.

马荣华，黄云峰，杨巧玲，等，2017. 2014—2016 年广州海域咸潮入侵状况
  浅析[J]. 人民珠江，38（11）：34-39.

潘新春，张继承，薛迎春，2012. "六个衔接"：全面落实陆海统筹的创新
  思维和重要举措[J]. 太平洋学报，（1）：1-9.

钱诗曼，2012. 连云港市陆海统筹发展战略研究[J]. 连云港职业技术学院学
  报，（4）：25-28.

邱霓，徐颂军，邱彭华，等，2017. 南沙湿地公园红树林物种多样性与空间
  分布格局[J]. 生态环境学报，26（1）：27-35.

任以顺，2006. 我国近岸海域环境污染成因与管理对策[J]. 青岛科技大学学
  报（社会科学版），（3）：106-111.

沈瑞生，冯砚青，牛佳，2005. 中国海岸带环境问题及其可持续发展对策[J].
地域研究与开发，（3）：124-128.

宋建军，2015. 统筹陆海资源开发建设海洋经济强国[J]. 宏观经济管理，
2（11）：29-31.

孙贺，2013. 滨海湿地实验区生态化规划设计策略研究[D]. 哈尔滨：哈尔滨
工业大学.

孙吉亭，赵玉杰，2011. 我国海洋经济发展中的陆海统筹机制[J]. 广东社会
科学，（5）：41-47.

孙军，2017. 我国沿海经济崛起视阈下的海洋环境污染问题及其治理[J]. 江
苏大学学报（社会科学版），19（1）：46-50.

孙贤斌，刘红玉，2010. 土地利用变化对湿地景观连通性的影响及连通性优
化效应-以江苏盐城海滨湿地为例[J]. 自然资源学报，25（6）：892-903.

唐斌，2017. 地方政府生态文明建设绩效评估的体系构建与机制创新研究
[D]. 湘潭：湘潭大学.

陶加强，成长春，2013. 东部陆海统筹发展沿海经济洼地研究[J]. 求索，（3）：
237-239.

汪品先，2001. 我国海洋第四纪研究与环境演变中的海陆相互作用[J]. 第四
纪研究，（3）：218-222.

王翠，2013. 山东省海洋产业结构比较分析及其优化升级研究[J]. 中国科学
院大学学报，30（5）：657-663.

王芳，2009. 对陆海统筹发展的认识和思考[J]. 国土资源，（3）：33-35.

王海英，栾维新，2002. 海陆相关分析及其对优化海洋产业结构的启示[J].
海洋经济，（6）：28-32.

王倩，2014. 我国沿海地区的"海陆统筹"问题研究[D]. 青岛：中国海洋大学.

王瑞江，2010. 广州陆生野生植物资源[M]. 广州：广东科技出版社.

王学端，2011. 陆海统筹规划建设渔人码头的思考[J]. 河北渔业，（11）：
51-53.

徐洋，2015. 生态文明建设主体研究[D]. 哈尔滨：中共黑龙江省委党校.

徐志群，2015. 我国生态修复立法研究[D]. 湘潭：湘潭大学.

颜添增，2010. 我国政府生态职能探析[D]. 北京：北京林业大学.

杨凤华，2013. 陆海统筹与中国海洋经济可持续发展研究——基于循环经济
发展视角[J]. 科学经济社会，（1）：82-87.

杨勇，2004. 发挥海陆兼备优势是大型海陆复合国家的必然选择[J]. 黑龙江

社会科学，（3）：26-29.

杨羽頔，2015. 环渤海地区陆海统筹测度与海洋产业布局研究[D]. 大连：辽宁师范大学.

姚瑞华，赵越，王东，等，2017. 陆海统筹的生态系统保护修复和污染防治区域联动机制研究[M]. 北京：中国环境出版社.

姚瑞华，赵越，杨文杰，等，2015. 建立陆海统筹保护机制促进江河湖海生态改善[J]. 宏观经济管理，（4）：51-59.

叶向东，2007. 构建"数字海洋"实施海陆统筹[J]. 太平洋学报，（4）：77-86.

叶向东，2009. 东部地区率先实施海陆统筹发展战略研究[J]. 网络财富，（2）：70-71.

于慎澄，2013. 推进海洋文化产业陆海统筹发展的思考[J]. 黄河科技大学学报，15（2）：40-43.

于秀丽，2012. 基于 MCDM 的非货币化绿色 GDP 核算体系研究[D]. 天津：天津大学.

臧志凌，刘琳，2014. 加强水生态文明建设努力建成节水型社会[J]. 水利天地，（7）：15-16.

张春昕，2014. 发展成果考核评价指标的四个转变[J]. 开发研究，4（16）：44-49.

张德平，2013. 全力打造海陆统筹发展蓝色枢纽[J]. 山东经济战略研究，（4）：40-43.

张尔升，2014. 海洋话语弱势与中国海洋强国战略[J]. 先锋，（2）：1-2.

张根福，魏斌，2018. 试析习近平新时代陆海统筹思想[J]. 观察与思考，（6）：23-29.

张海峰，2005a. 再论陆海统筹兴海强国[J]. 太平洋学报，（7）：14-17.

张海峰，2005b. 抓住机遇加快我国海陆产业结构大调整：三论陆海统筹兴海强国[J]. 太平洋学报，（10）：25-27.

张君珏，苏奋振，左秀玲，等，2015. 南海周边海岸带开发利用空间分异[J]. 地理学报，70（2）：319-332.

张玉洁，林香红，张伟，等，2016. 基于陆海统筹的北海市海洋经济发展布局优化研究[J]. 海洋经济，6（1）：33-37.

赵骞，王卫平，杨永俊，等，2014. 河流和海洋污染物总量分配研究述评[J]. 中国人口·资源与环境，24（S1）：82-86.

赵玉灵，2010. 珠江口地区近 30 年海岸线与红树林湿地遥感动态监测[J].

国土资源遥感，（z1）：178-184.

赵玉灵，2017. 近 40 年来伶仃洋海岸线与红树林遥感调查与演变分析[J].
国土资源遥感，29（1）：136-142.

郑丙辉，刘静，刘录三，2016. 探析入海河口水质评价标准的合理性[J]. 环
境保护，44（1）：43-47.

郑洪波，2003. IODP 中的海陆对比和海陆相互作用[J]. 地球科学进展，（5）：
722-729.

郑小叶，2009. 生态文明目标下的生态型政府建设研究[D]. 秦皇岛：燕
山大学.

周江勇，2009. 统筹海陆发展建设花园半岛[J]. 宁波经济，（22）：9-10.

朱坚真，张力，2010. 陆海统筹与区域产业转移问题探索[J]. 创新，（6）：
42-45，52.

Chandra R，2005. Planning for sustainable development in the Pacific Islands[D].
Suva：University of the South Pacific.

Cicin-Sain B，Knecht R W，1998. Integrated Coastal and Ocean Management：
Concepts and Practices[M]. Washington D C：Island Press.

Davis B C，2004. Regional planning in the US coastal zone：A comparative
analysis of 15 special area plans[J]. Ocean& Coastal Management，47（1-2）：
79-94.

Deboudt P，Dauvin J C，Lozachmeur O，2008. Recent developments in coastal
zone management in France：The transition towards integrated coastal zone
management（1973-2007）[J]. Ocean & Coastal Management，2008，
51（3）：212-228.

Kerr S A. What is small island sustainable development about?[J]. Ocean &
Coastal Management，2005，48（7-8）：503-524.

Noronha L，2004. Coastal management policy：Observations from an Indian
case[J]. Ocean & Coastal Management，47（1-2）：63-77.

Suman D，2001. Case studies of coastal conficts：Comparative US/European
experiences[J]. Ocean&Coastal Management，44（1-2）：1-13.

William J，Moeonnell，Sweeney S P，et al.，2004. Physical and social access
to land：Spatie-tomporral patterns of agrieu1 tural expansion in
Madagascar[J]. Agriculture，Ecosystems and Environment. 101（2-3）：
171-184.